Kathrin Becker, Elena Iaccarino

Bruchrechnung in kleinen Schritten

Band 2: Addition und Subtraktion von Brüchen

Persen Verlag GmbH

Die Autorinnen

Kathrin Becker – Lehrkraft an einer Förderschule für Lernhilfe mit dem Fachschwerpunkt Mathematik.

Elena Iaccarino – Lehrkraft an einer Förderschule für Lernhilfe mit dem Fachschwerpunkt Mathematik.

Gedruckt auf umweltbewusst gefertigtem, chlorfrei gebleichtem und alterungsbeständigem Papier.

1. Auflage 2009
Nach den seit 2006 amtlich gültigen Regelungen der Rechtschreibung.

Grafik: Oliver Wetterauer
Satz: Satzpunkt Ursula Ewert GmbH, Bayreuth

ISBN 978-3-8344-**3464**-7

www.persen.de

Inhalt

Einführung in das Rechnen mit Brüchen

Bruchzahlen sind den Schülerinnen und Schülern aus ihrem alltäglichen Umfeld bekannt: Sie begegnen ihnen beispielsweise bei der Einteilung der Uhr, bei Sportwettkämpfen, beim Einkaufen von Lebensmitteln, beim Kochen von Gerichten nach Rezepten oder etwa beim Verteilen von zwei Tafeln Schokolade auf sechs Personen. Somit knüpft der Inhalt dieses Materials direkt an die Lebens- und Erfahrungswelt der Schülerinnen und Schüler an. Dies ist deshalb von enormer Wichtigkeit, um ihnen später die Lösung von praktischen Problemen des täglichen Lebens zu ermöglichen wie das Durchführen von Messungen und das Bewältigen von Rechnungen mit Brüchen.

Sachinformationen

Ein Bruch beschreibt mathematisch gesehen ein Verhältnis zwischen zwei ganzen Zahlen[1]. Durch das Bilden von Brüchen entsteht aus den natürlichen Zahlen der Bereich der gebrochenen Zahlen.

Brüche haben die Form $\frac{a}{b}$ mit $a,b \in N$.

Der waagerechte Strich heißt *Bruchstrich*. Die Zahl unter dem Bruchstrich nennt man *Nenner* und die Zahl über dem Bruchstrich *Zähler*. Als echte Brüche bezeichnet man dabei Brüche mit $a < b$, als unechte Brüche falls $a \geq b$. Falls $a = 1$ spricht man von Stammbrüchen.

Der Nenner gibt an, in wie viele Teile ein Ganzes oder mehrere Ganze geteilt werden, und der Zähler eines Bruches gibt an, wie viele Teile gemeint sind.
Die Addition und Subtraktion eines Bruches ist dann ausführbar, wenn die Nenner übereinstimmen, d. h., wenn die Brüche *gleichnamig* sind. In diesem Fall werden einfach die Zähler addiert bzw. subtrahiert und der (gemeinsame) Nenner bleibt dabei unverändert:

$$\frac{a}{m} \pm \frac{b}{m} = \frac{a \pm b}{m}.$$

Sollen Brüche addiert bzw. subtrahiert werden, deren Nenner nicht gleichnamig sind, müssen diese zuerst gleichnamig gemacht werden. Hierzu werden alle Brüche auf den Hauptnenner erweitert. Unter dem Hauptnenner wird das kleinste gemeinsame Vielfache (kgV) der einzelnen Nenner verstanden:

$$\frac{a}{m} \pm \frac{b}{n} = \frac{a \cdot n}{m \cdot n} \pm \frac{b \cdot m}{n \cdot m} = \frac{a \cdot n \pm b \cdot m}{m \cdot n}.$$

In dieser Mappe stehen der Aufbau eines fundierten Verständnisses von Brüchen und vor allem die Addition und Subtraktion von Bruchzahlen im Mittelpunkt. In der Literatur werden vielfach vier Konzepte beschrieben, die für eine Behandlung der Bruchrechnung infrage kommen:

- ▷ Größenkonzept
- ▷ Äquivalenzklassenkonzept
- ▷ Gleichungskonzept
- ▷ Operatorkonzept

[1] Somit kann dieselbe Bruchzahl durch verschiedene Brüche (Namen) beschrieben werden.

Das Größenkonzept steht in dieser Mappe im Vordergrund, da hier von konkreten Brüchen ausgegangen wird, die den Schülerinnen und Schülern bereits aus dem täglichen Leben bekannt sind. Dies ist vorteilhaft, da sie damit die Möglichkeit bekommen, auf ihre Vorkenntnisse zurückzugreifen.

Zu Beginn der Mappe wird auf das Erweitern/Kürzen von Brüchen und auf das Thema Brüche als Größen eingegangen, da diese Themenbereiche Voraussetzungen für das erfolgreiche Rechnen mit Brüchen darstellen. Beim Erweitern und Kürzen geht es um die Bestimmung weiterer Repräsentanten zu einem gegebenen Bruch. Die Schülerinnen und Schüler sollen lernen, dass beim Erweitern oder Kürzen Zähler und Nenner eines Bruches mit demselben Faktor multipliziert oder dividiert werden. Sie kommen zu der Erkenntnis, dass sich dabei nur die Form bzw. das Aussehen des Bruches ändert, der Wert des Bruches aber unverändert bleibt.

Im Folgenden sollen die Schülerinnen und Schüler Größenvergleiche von Brüchen durchführen, um das Verständnis für die Funktion des Zählers und des Nenners zu vertiefen.
Darauf folgt zunächst die Einführung der Addition und Subtraktion mit zahlreichen Veranschaulichungen und anschließend die Vertiefung der Rechenregeln zu den beiden Operationen.

Eine besondere Schwierigkeit beim Rechnen mit Brüchen besteht darin, dass den Schülerinnen und Schülern oft inhaltliche Vorstellungen zu den Operationen und deren Rechengesetzen fehlen. Daher wurde besonderer Wert auf Veranschaulichungen vielfältiger Art gelegt. Wichtig in diesem Zusammenhang ist:

- ▷ eine einfache, merkmalsarme Veranschaulichung, damit das relevante Merkmal klar erkennbar ist,
- ▷ eine enge Kopplung von Veranschaulichung, verbaler Erläuterung und symbolischer Darstellung.

Dadurch wird gewährleistet, möglichst viele Lernkanäle – auch im Hinblick auf die recht unterschiedliche Lernausgangslage der Schülerinnen und Schüler – miteinzubeziehen.
Insbesondere wurden die Arbeitsblätter so gestaltet, dass schwächere Schülerinnen und Schüler durch häufige Veranschaulichungen und klare Strukturierung Vorstellungen zu den Bruchoperationen aufbauen können und so das alleinige Auswendiglernen dieser Regeln in den Hintergrund rückt.

Es existiert eine Vielzahl einsetzbarer Medien, die sich beispielsweise auch für Stundeneinstiege sehr gut eignen:

- ▷ Einsatz des Overheadprojektors:
  Beispielsweise können verschiedene Alltagsgegenstände abgebildet und die Frage nach dem „abgeschnittenen" Anteil bzw. dem Ergebnis gestellt werden (im Bezug auf die Subtraktion).
- ▷ Einsatz von Modellen bzw. realen Alltagsgegenständen wie einem Blatt Papier für Faltübungen oder einem Geobrett.
- ▷ Durchführung von Schüttversuchen.
- ▷ ...

Bruchschreibweise notieren 1

Die Zahl **unter** dem Bruchstrich nennt man **Nenner**.
Der Nenner gibt an, in wie viele Teile das Ganze geteilt wird.
Die Zahl **über** dem Bruchstrich heißt **Zähler**.
Der Zähler gibt an, wie viele Teile des Ganzen gemeint sind.

Gib die Bruchzahlen an.

a)

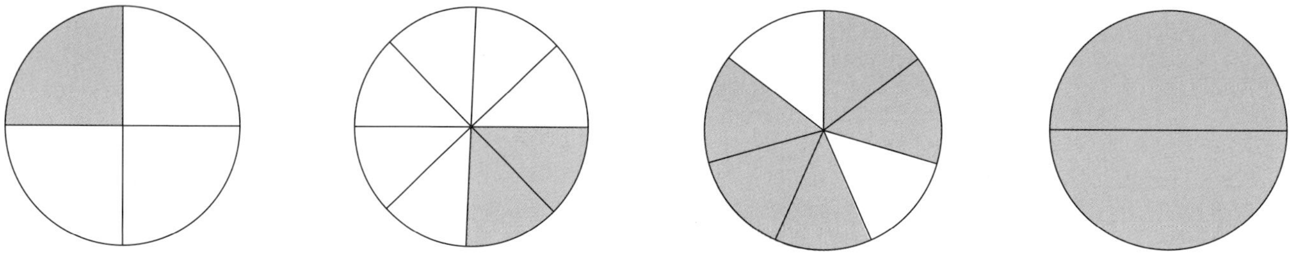

$\frac{1}{4}$ | — | — | —

b)

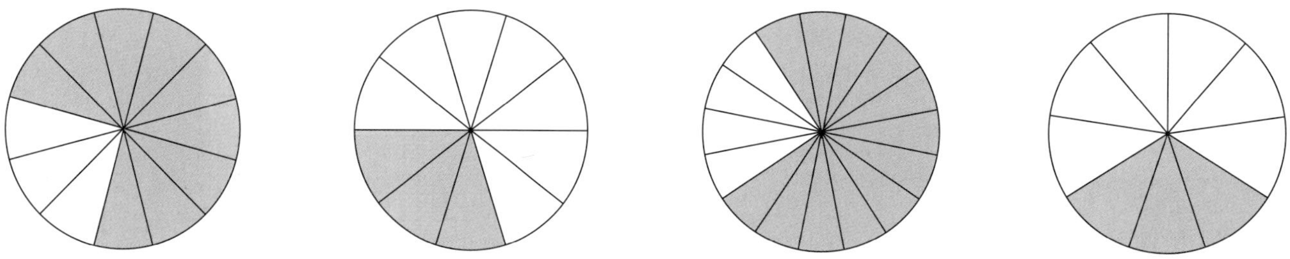

— | — | — | —

c)

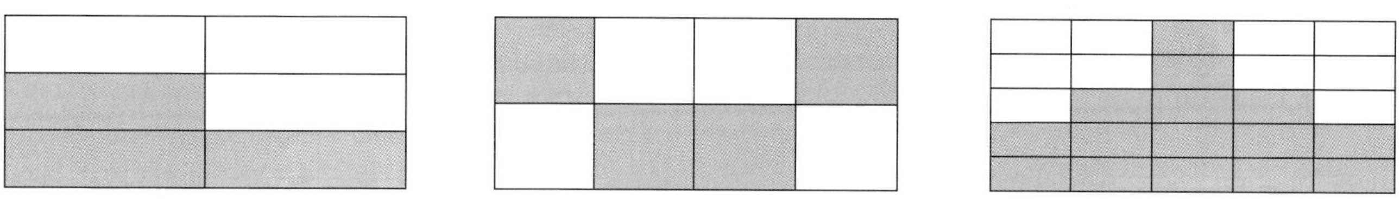

— | — | —

d)

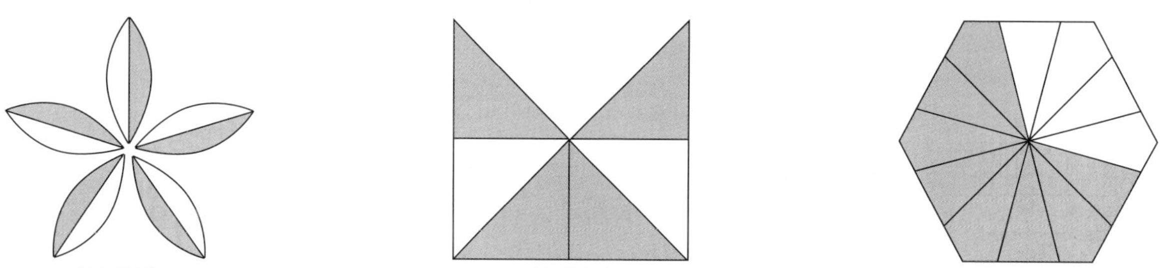

— | — | —

Bruchschreibweise notieren 2

Gib die Bruchzahlen an.

a)

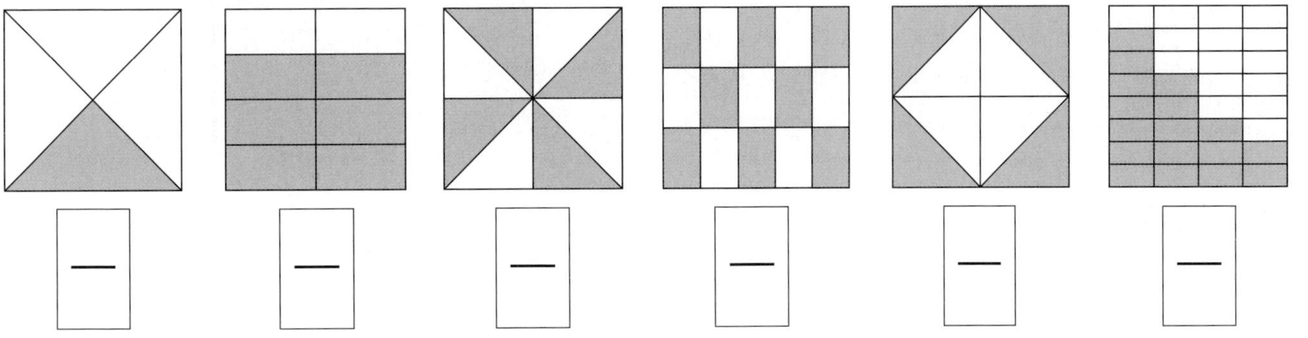

b)

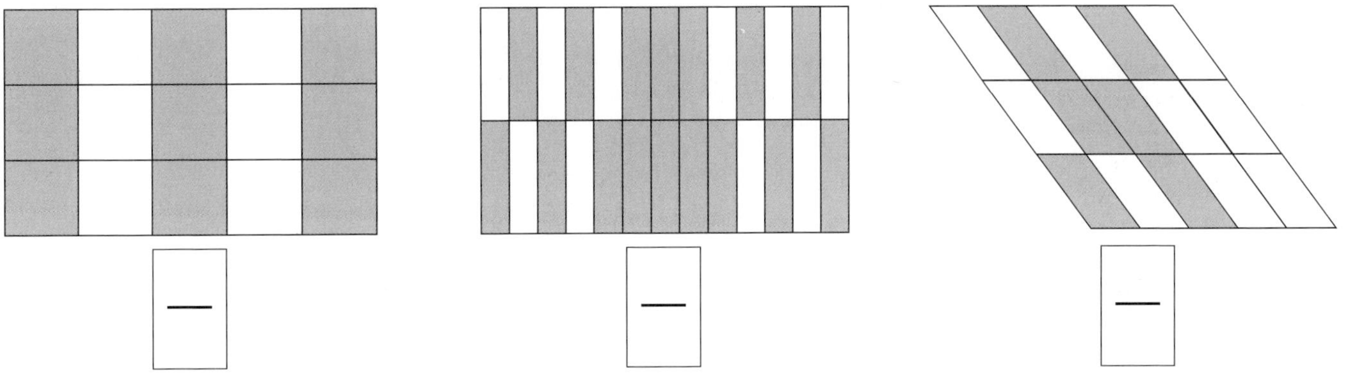

c)

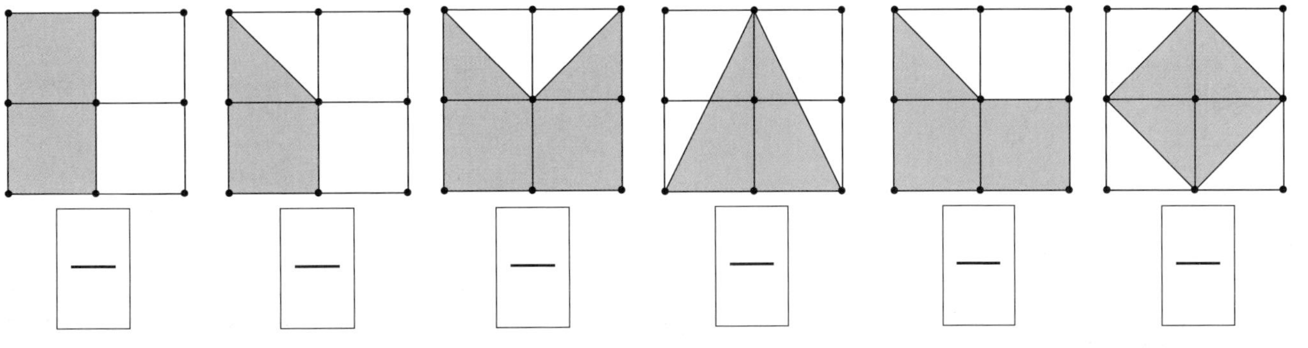

d)

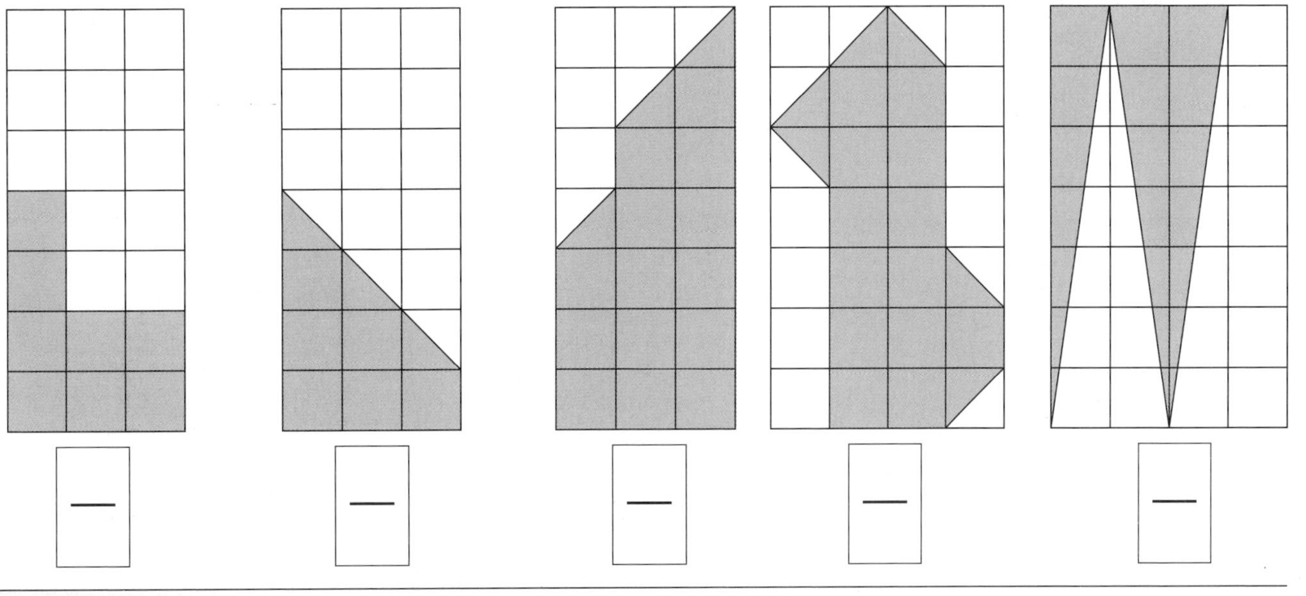

3 Bruchschreibweise zeichnen 1 $\frac{3}{4}$

Die Zahl **unter** dem Bruchstrich nennt man **Nenner**.
Der Nenner gibt an, in wie viele Teile das Ganze geteilt wird.
Die Zahl **über** dem Bruchstrich heißt **Zähler**.
Der Zähler gibt an, wie viele Teile des Ganzen gemeint sind.

Färbe die angegebenen Bruchteile.

a)

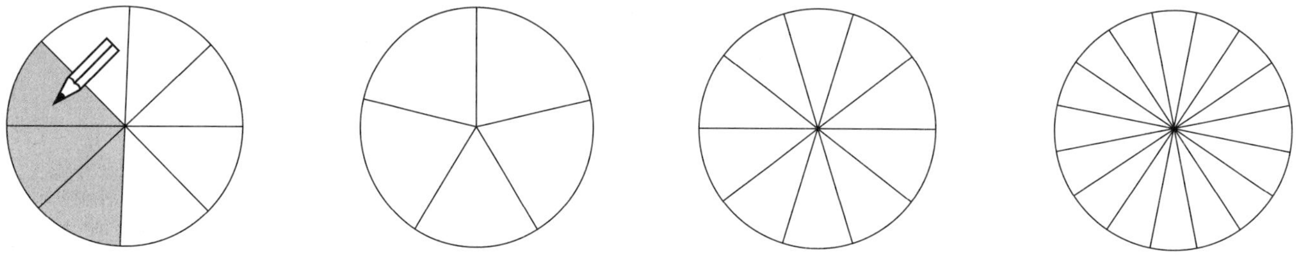

$\frac{3}{8}$ $\frac{4}{5}$ $\frac{7}{10}$ $\frac{10}{16}$

b)

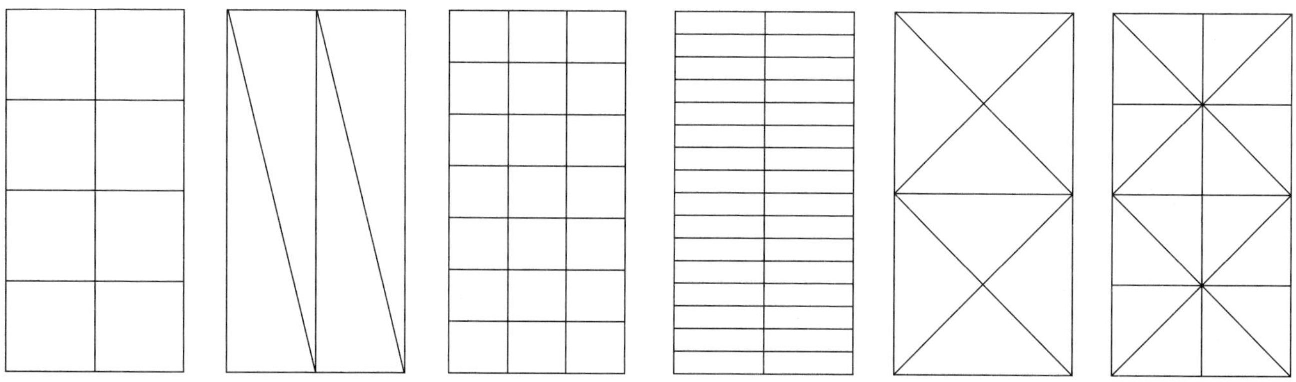

$\frac{5}{8}$ $\frac{2}{4}$ $\frac{16}{21}$ $\frac{24}{32}$ $\frac{6}{8}$ $\frac{12}{16}$

c)

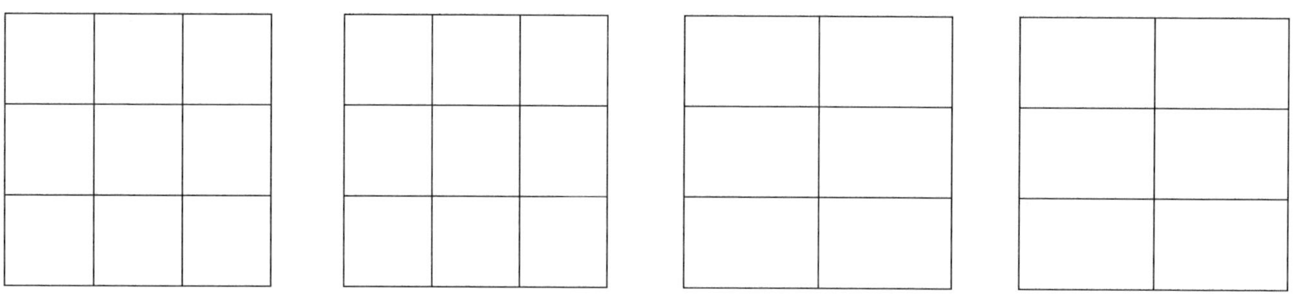

$\frac{1}{2}$ $\frac{2}{3}$ $\frac{1}{3}$ $\frac{7}{12}$

Bruchschreibweise zeichnen 2

❶ Teile jedes Quadrat (das Ganze). Färbe die angegebenen Bruchteile.
Beispiel: $\frac{4}{9}$, also das Ganze in 9 Felder teilen und 4 Felder einfärben.

a)

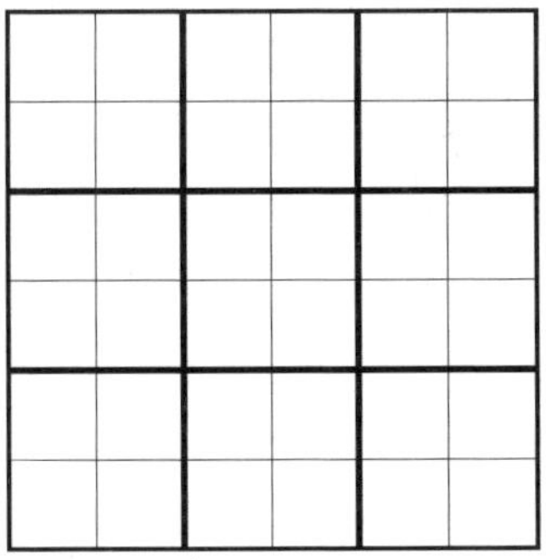

$\frac{4}{9}$

b)

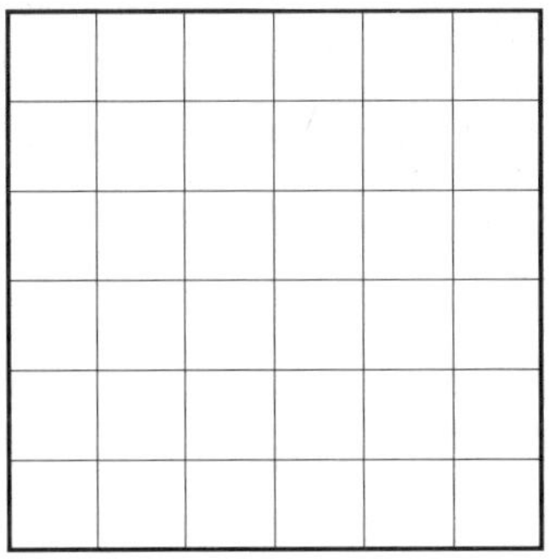

$\frac{5}{6}$

c)

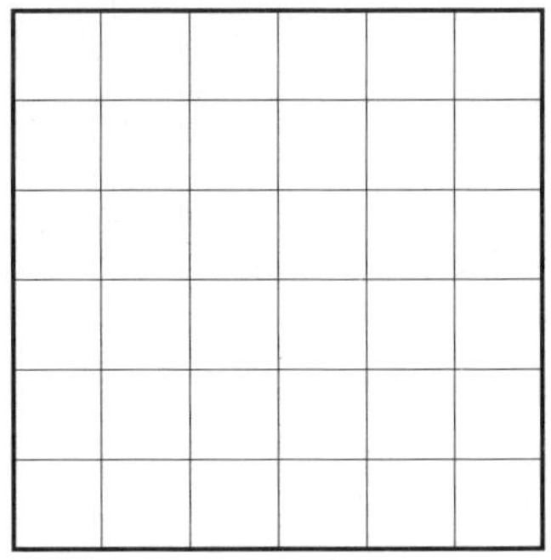

$\frac{11}{12}$

❷ Teile die Rechtecke auf 3 unterschiedliche Arten in Achtel ein.
Färbe jeweils drei Teile.

a)

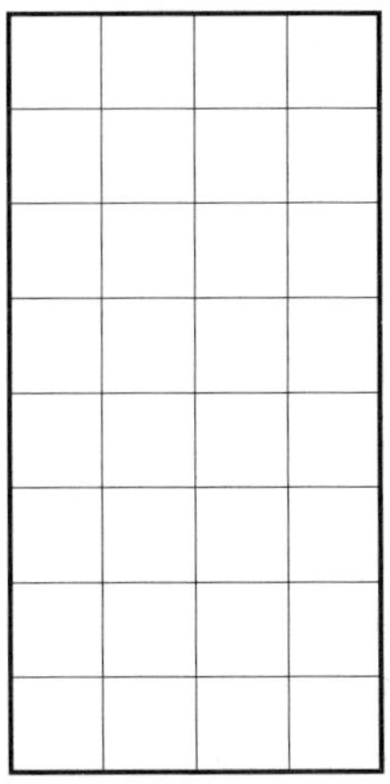

b)

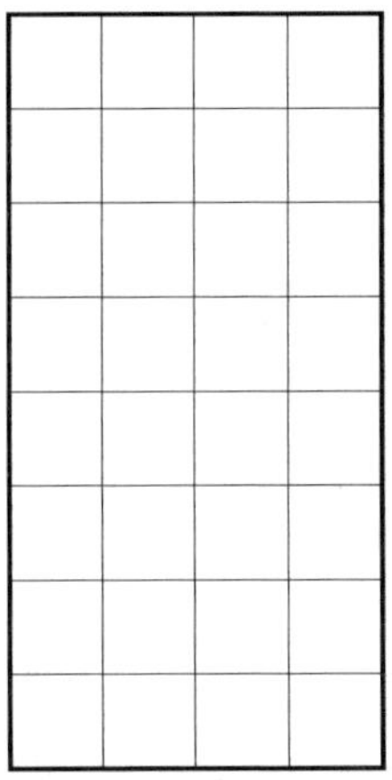

c)

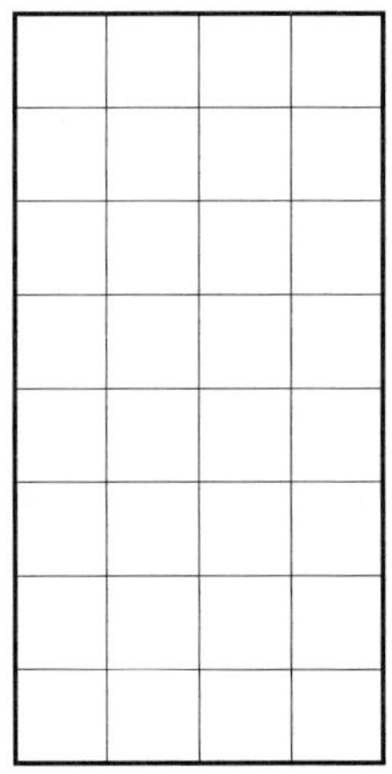

Die Bruchzahl zu jedem Rechteck heißt: —

❸ Färbe innerhalb der Figuren die angegebenen Bruchteile.
Teile die Figur zuvor ein.

a)

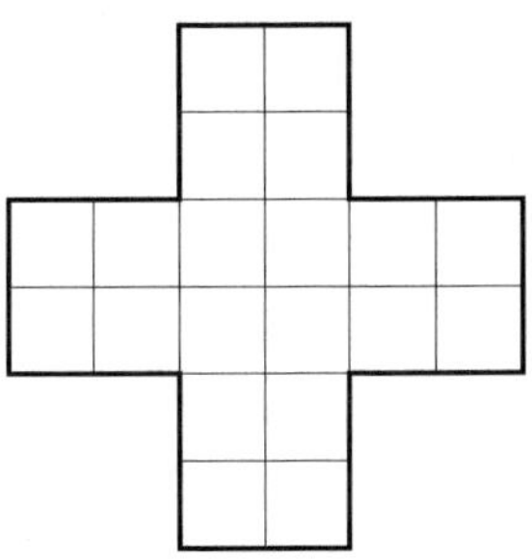

$\frac{3}{5}$

b)

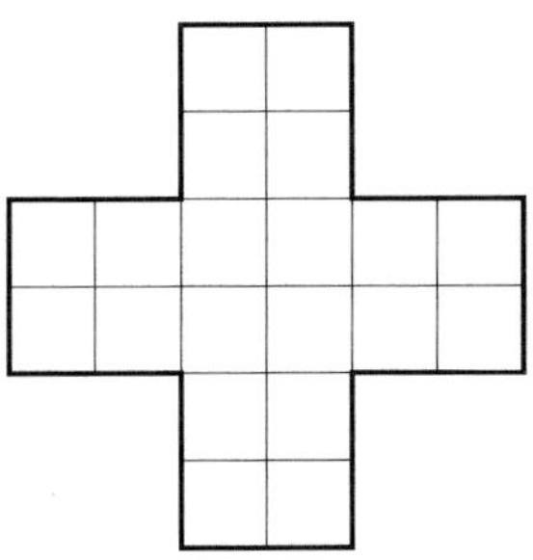

$\frac{3}{4}$

c)

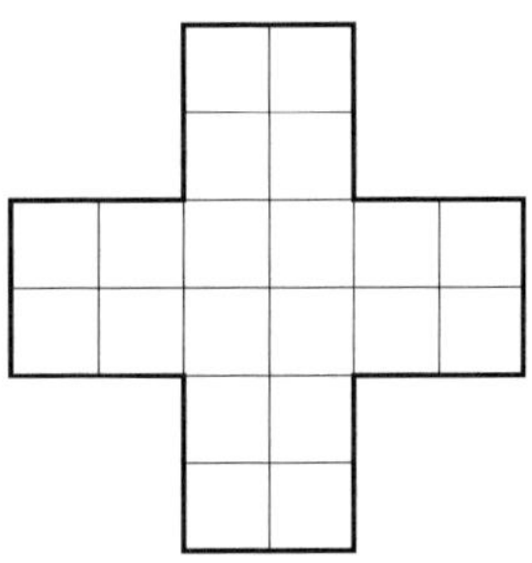

$\frac{5}{8}$

d)

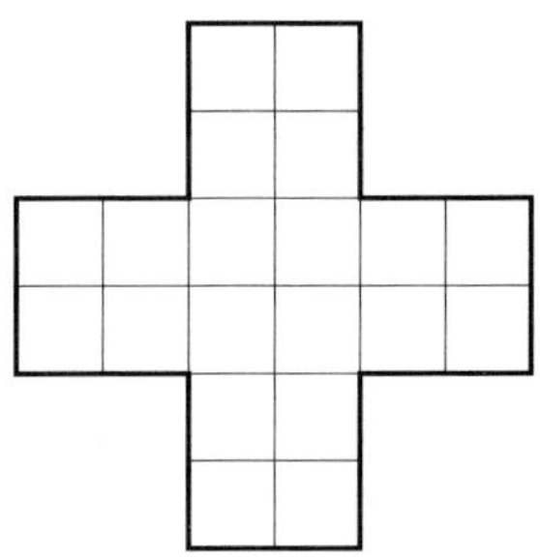

$\frac{7}{10}$

Gemischte Schreibweise 1

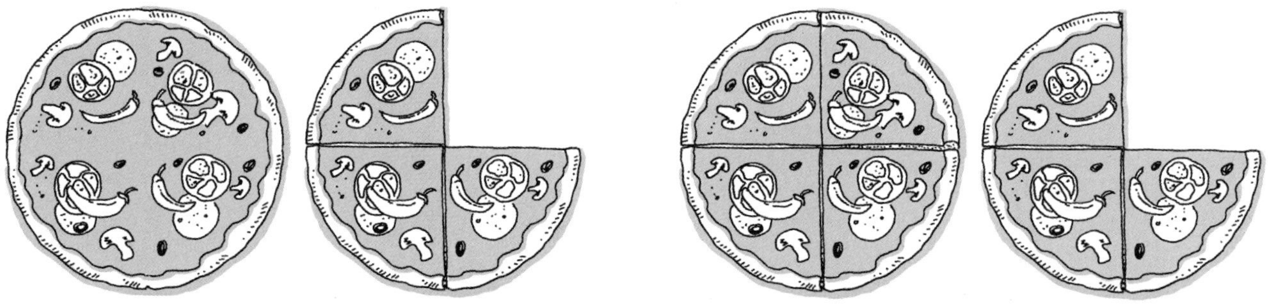

$1\frac{3}{4}$ Pizza = $\frac{7}{4}$ Pizza

1 Wie heißen die abgebildeten Bruchteile?
Schreibe in gemischter Schreibweise und als Bruchzahl.

a)

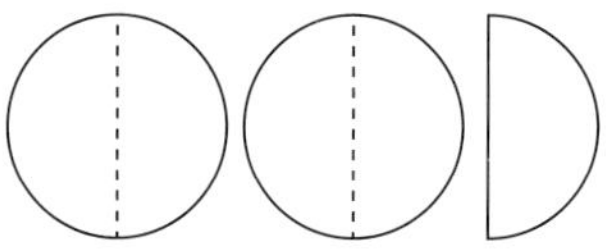

$\square\,\frac{\square}{2} = \frac{\square}{2}$

b)

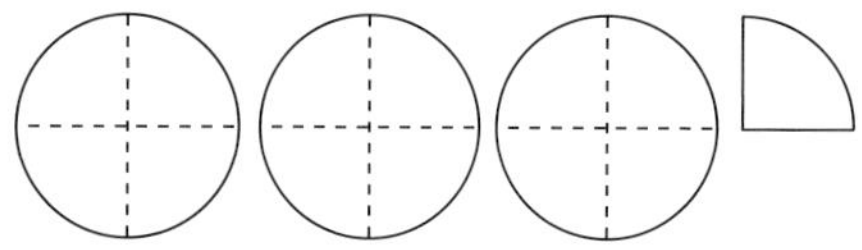

$\square\,\frac{\square}{\square} = \frac{\square}{\square}$

c)

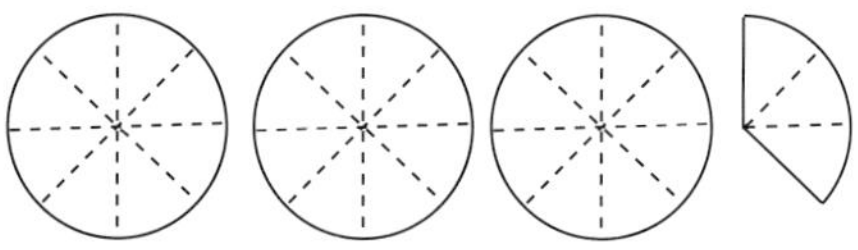

$\square\,\frac{\square}{\square} = \frac{\square}{\square}$

d)

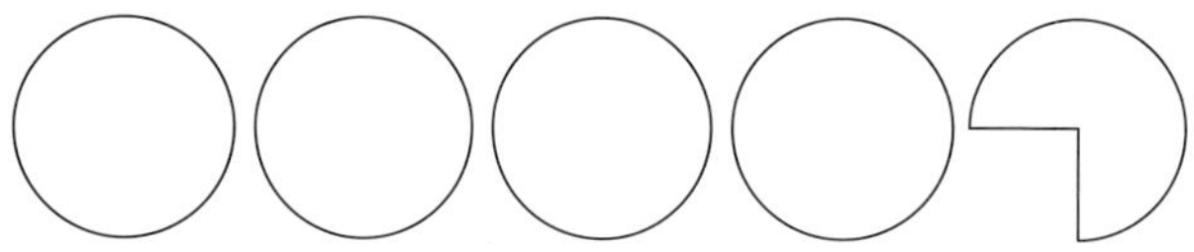

$\square\,\frac{\square}{\square} = \frac{\square}{\square}$

e)

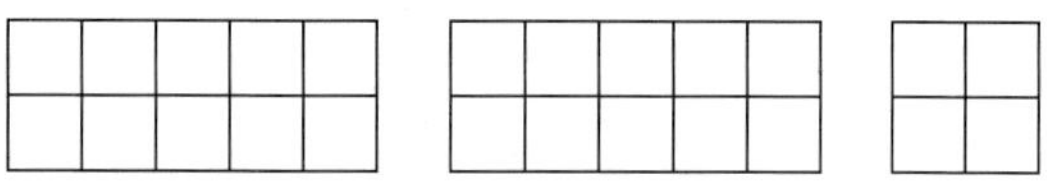

$\square\,\frac{\square}{\square} = \frac{\square}{\square}$

f)

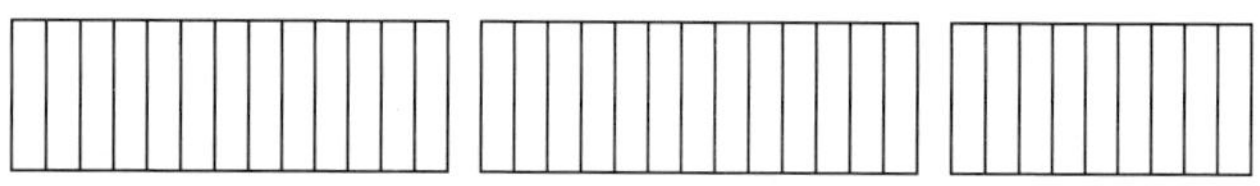

$\square\,\frac{\square}{\square} = \frac{\square}{\square}$

2 Färbe die angegebenen Bruchteile.
Schreibe auch in gemischter Schreibweise.

a)

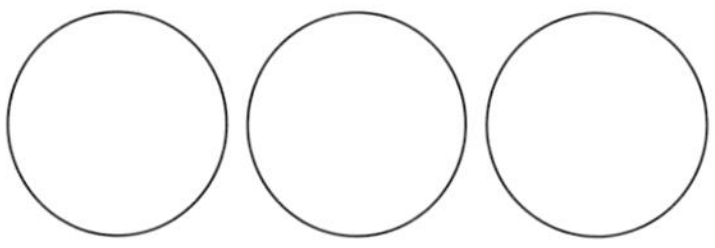

$\frac{10}{4} = \square\,\frac{\square}{\square}$

b)

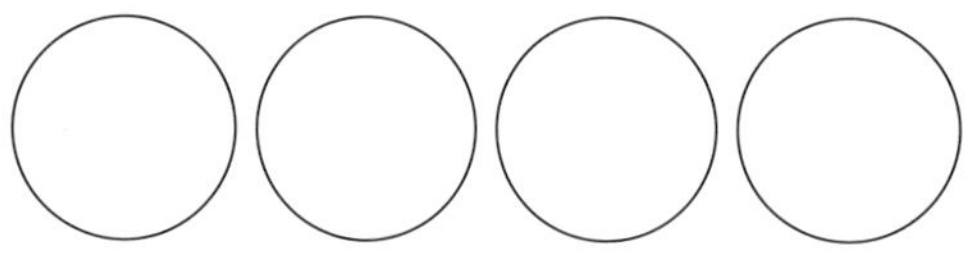

$\frac{26}{8} = \square\,\frac{\square}{\square}$

K. Becker/E. Iaccarino: Bruchrechnung in kleinen Schritten – Band 2

Gemischte Schreibweise 2

$\frac{8}{4} = 2$

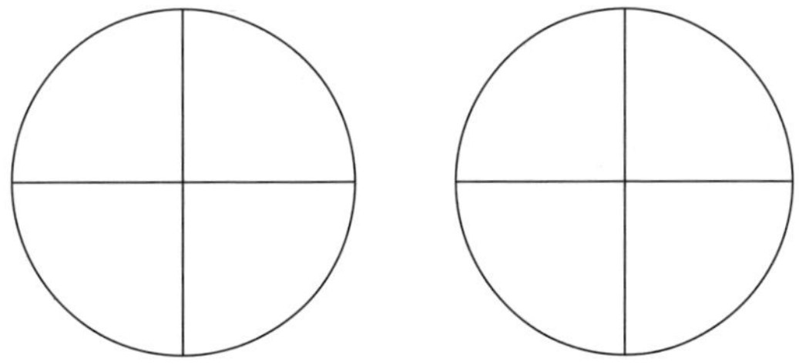

1 Gib die Bruchzahlen als ganze Zahlen an.

a) $\frac{4}{2} = \square$ $\quad \frac{12}{6} = \square$

b) $\frac{6}{3} = \square$ $\quad \frac{20}{4} = \square$

c) $\frac{15}{5} = \square$ $\quad \frac{70}{10} = \square$

d) $\frac{9}{3} = \square$ $\quad \frac{21}{7} = \square$

e) $\frac{10}{2} = \square$ $\quad \frac{63}{9} = \square$

2 Färbe die angegebenen Bruchteile. Schreibe auch als Bruchzahl.

a)

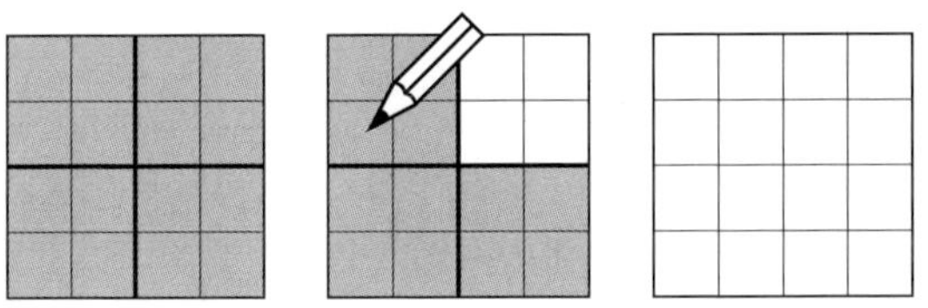

$1\frac{3}{4} = \frac{\square}{\square}$

b)

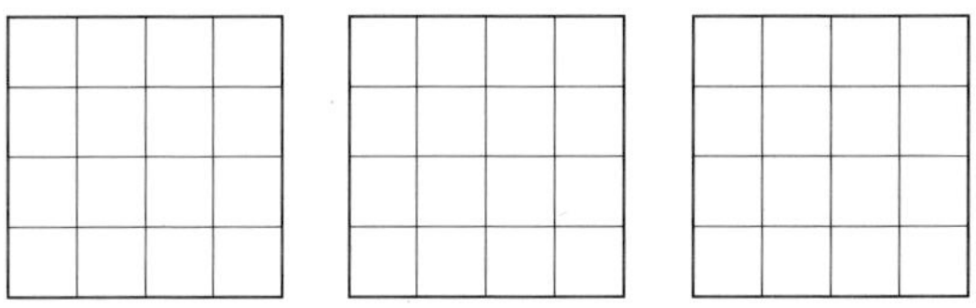

$2\frac{1}{2} = \frac{\square}{\square}$

c)

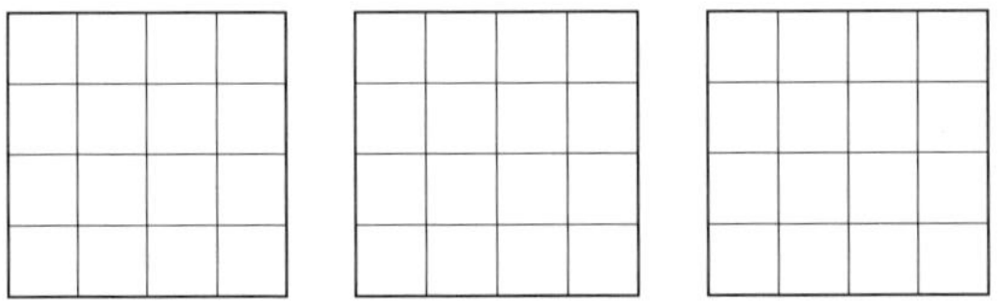

$2\frac{5}{8} = \frac{\square}{\square}$

d)

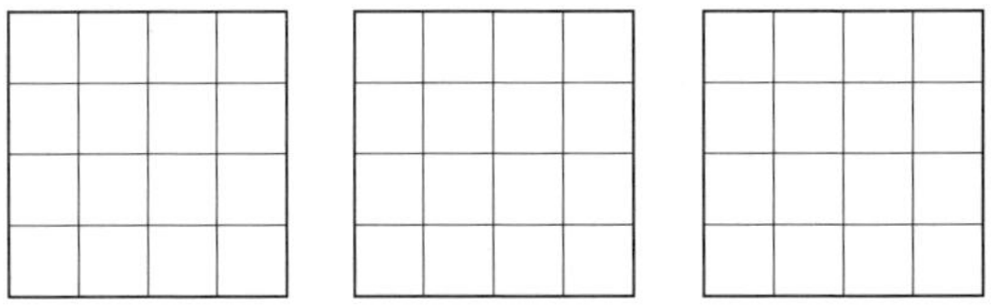

$1\frac{7}{16} = \frac{\square}{\square}$

3 Schreibe als Bruchzahl oder in gemischter Schreibweise.

a) $2\frac{1}{4} = \frac{9}{4}$

$5\frac{1}{3} = \frac{\square}{\square}$

$4\frac{1}{2} = \frac{\square}{\square}$

$9\frac{5}{6} = \frac{\square}{\square}$

b) $\frac{10}{8} = 1\frac{2}{8}$

$\frac{13}{6} = \square\frac{\square}{\square}$

$\frac{15}{4} = \square\frac{\square}{\square}$

$\frac{23}{5} = \square\frac{\square}{\square}$

c) $7\frac{4}{12} = \frac{\square}{\square}$

$\frac{21}{5} = \square\frac{\square}{\square}$

$\frac{44}{10} = \square\frac{\square}{\square}$

$5\frac{6}{7} = \frac{\square}{\square}$

d) $\frac{37}{9} = \square\frac{\square}{\square}$

$\frac{61}{7} = \square\frac{\square}{\square}$

$13\frac{5}{7} = \frac{\square}{\square}$

$12\frac{3}{10} = \frac{\square}{\square}$

Brüche erweitern 1

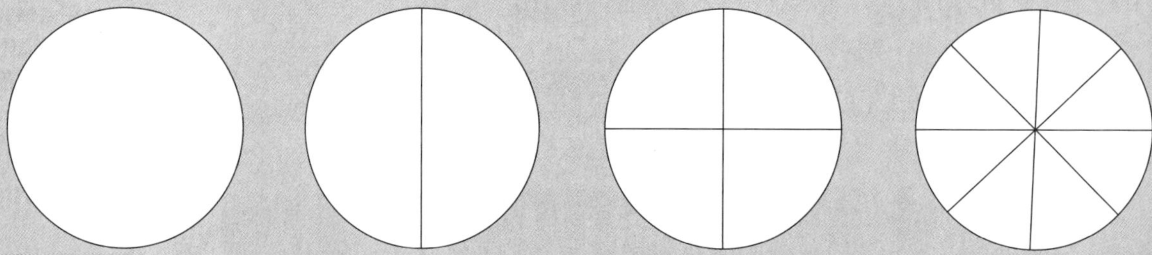

$1 = \frac{1}{1} = \frac{2}{2} = \frac{4}{4} = \frac{8}{8}$

Beim Erweitern eines Bruches ändert sich sein Wert nicht.

1 Bestimme die erweiterten Brüche.

a) 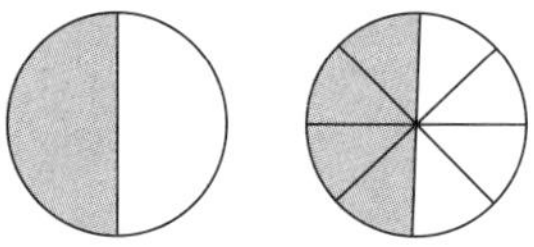

$\frac{1}{2} = \frac{4}{8}$

b) 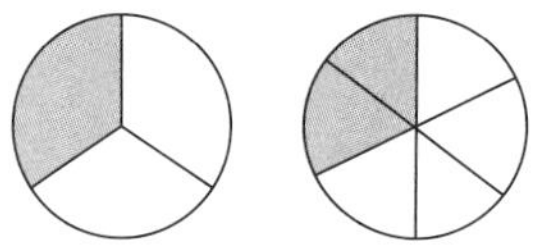

$\frac{1}{3} =$ —

c) 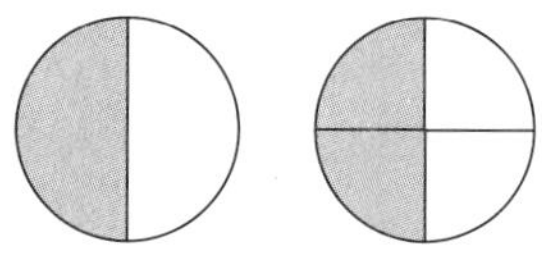

— = —

d) 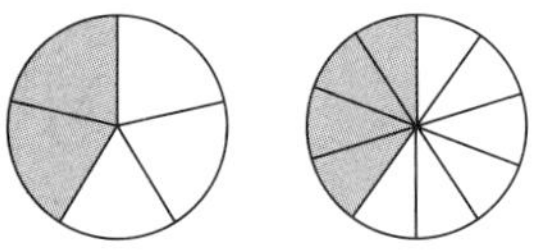

— = —

e) 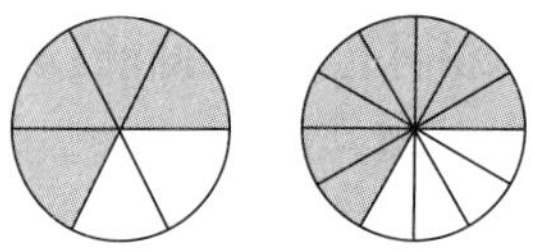

— = —

f) 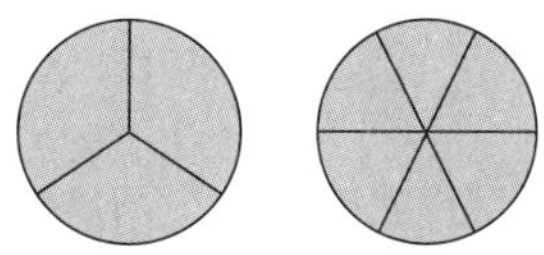

— = —

g) 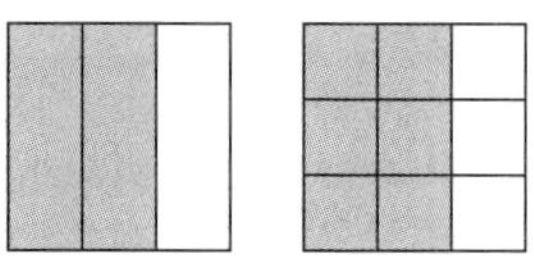

— = —

h) 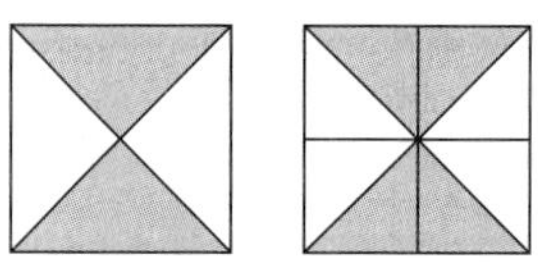

— = —

i) 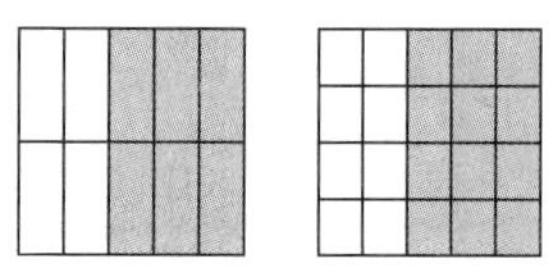

— = —

2 Setze richtig ein: mehr – gleich – kleiner.

Der Wert eines Bruches bleibt beim Erweitern ____________________.

Es werden ____________________ Teile, dafür werden sie aber

____________________.

K. Becker/E. Iaccarino: Bruchrechnung in kleinen Schritten – Band 2

Brüche erweitern 2

Beim Erweitern eines Bruches werden Zähler und Nenner mit der gleichen Zahl mal genommen:

$\frac{1}{2} \xrightarrow{\cdot 2} \frac{2}{4}$, $\frac{1}{2} \xrightarrow{\cdot 4} \frac{4}{8}$, $\frac{1}{2} \xrightarrow{\cdot 8} \frac{8}{16}$

Schreibweise:

$\frac{1}{2} = \frac{1 \cdot 2}{2 \cdot 2} = \frac{2}{4}$

1 Berechne das Ergebnis.

a) $\frac{1 \cdot 2}{4 \cdot 2} = \frac{\square}{\square}$

b) $\frac{2 \cdot 3}{3 \cdot 3} = \frac{\square}{\square}$

c) $\frac{4 \cdot 2}{5 \cdot 2} = \frac{\square}{\square}$

d) $\frac{3 \cdot 3}{7 \cdot 3} = \frac{\square}{\square}$

e) $\frac{5 \cdot 2}{10 \cdot 2} = \frac{\square}{\square}$

f) $\frac{10 \cdot 6}{11 \cdot 6} = \frac{\square}{\square}$

g) $\frac{7 \cdot 5}{8 \cdot 5} = \frac{\square}{\square}$

h) $\frac{4 \cdot 7}{9 \cdot 7} = \frac{\square}{\square}$

i) $\frac{10 \cdot 4}{25 \cdot 4} = \frac{\square}{\square}$

j) $\frac{12 \cdot 5}{14 \cdot 5} = \frac{\square}{\square}$

2 Mit welcher Zahl wurde erweitert? Setze ein.

a) $\frac{3}{3} \rightarrow \frac{9}{9}$ (Zähler: $\cdot 3$, Nenner: $\cdot 3$)

b) $\frac{3}{4} \rightarrow \frac{6}{8}$ (Zähler: $\cdot 2$, Nenner: ◯)

c) $\frac{4}{5} \rightarrow \frac{20}{25}$ (◯, ◯)

d) $\frac{3}{8} \rightarrow \frac{12}{32}$ (◯, ◯)

e) $\frac{17}{24} \rightarrow \frac{34}{48}$ (◯, ◯)

f) $\frac{12}{31} \rightarrow \frac{36}{93}$ (◯, ◯)

g) $\frac{6}{8} \rightarrow \frac{48}{64}$ (◯, ◯)

h) $\frac{13}{19} \rightarrow \frac{52}{76}$ (◯, ◯)

i) $\frac{21}{27} \rightarrow \frac{105}{135}$ (◯, ◯)

Brüche erweitern 3

1 a) Erweitere die Brüche mit 2.

$\frac{1}{2} = \frac{1 \cdot 2}{2 \cdot 2} = \frac{\quad}{\quad}$ $\qquad$ $\frac{2}{3} = \_\_\_\_ = \_\_\_$ $\qquad$ $\frac{4}{9} = \_\_\_\_ = \_\_\_$

$\frac{2}{5} = \_\_\_\_ = \_\_\_$ $\qquad$ $\frac{10}{20} = \_\_\_\_ = \_\_\_$ $\qquad$ $\frac{1}{7} = \_\_\_\_ = \_\_\_$

$\frac{3}{9} = \_\_\_\_ = \_\_\_$ $\qquad$ $\frac{5}{8} = \_\_\_\_ = \_\_\_$ $\qquad$ $\frac{12}{17} = \_\_\_\_ = \_\_\_$

$\frac{13}{14} = \_\_\_\_ = \_\_\_$ $\qquad$ $\frac{27}{56} = \_\_\_\_ = \_\_\_$ $\qquad$ $\frac{25}{50} = \_\_\_\_ = \_\_\_$

b) Erweitere die Brüche mit 5.

$\frac{2}{5} = \_\_\_\_ = \_\_\_$ $\qquad$ $\frac{1}{8} = \_\_\_\_ = \_\_\_$ $\qquad$ $\frac{4}{7} = \_\_\_\_ = \_\_\_$

$\frac{2}{6} = \_\_\_\_ = \_\_\_$ $\qquad$ $\frac{10}{11} = \_\_\_\_ = \_\_\_$ $\qquad$ $\frac{7}{8} = \_\_\_\_ = \_\_\_$

$\frac{5}{9} = \_\_\_\_ = \_\_\_$ $\qquad$ $\frac{10}{12} = \_\_\_\_ = \_\_\_$ $\qquad$ $\frac{5}{100} = \_\_\_\_ = \_\_\_$

$\frac{9}{11} = \_\_\_\_ = \_\_\_$ $\qquad$ $\frac{17}{19} = \_\_\_\_ = \_\_\_$ $\qquad$ $\frac{20}{25} = \_\_\_\_ = \_\_\_$

2 Verwandle alle Brüche in Achtel.

a) $\frac{1}{2} = \frac{1 \cdot}{2 \cdot 4} = \frac{\quad}{8}$ $\qquad$ b) $\frac{3}{4} = \_\_\_\_ = \frac{\quad}{8}$ $\qquad$ c) $\frac{5}{8} = \_\_\_\_ = \frac{\quad}{8}$

d) $\frac{2}{2} = \_\_\_\_ = \frac{\quad}{8}$ $\qquad$ e) $\frac{7}{8} = \_\_\_\_ = \frac{\quad}{8}$ $\qquad$ f) $\frac{1}{4} = \_\_\_\_ = \frac{\quad}{8}$

3 Setze die fehlenden Zahlen ein.

a) $\frac{2}{3} = \frac{2 \cdot 4}{3 \cdot} = \frac{\quad}{12}$ $\qquad$ b) $\frac{4}{5} = \frac{4 \cdot}{5 \cdot 5} = \frac{20}{\quad}$ $\qquad$ c) $\frac{1}{3} = \frac{\cdot 7}{\cdot 7} = \_\_\_$

d) $\frac{7}{8} = \frac{7 \cdot 6}{\cdot} = \frac{\quad}{48}$ $\qquad$ e) $\frac{9}{10} = \frac{\cdot 10}{\cdot} = \frac{\quad}{100}$ $\qquad$ f) $\frac{7}{9} = \frac{\cdot}{\cdot 8} = \_\_\_$

g) $\frac{21}{56} = \frac{\cdot}{\cdot} = \frac{\quad}{112}$ $\qquad$ h) $\frac{13}{19} = \frac{\cdot}{\cdot} = \frac{\quad}{133}$ $\qquad$ i) $\frac{14}{17} = \frac{\cdot}{\cdot 13} = \_\_\_$

K. Becker/E. Iaccarino: Bruchrechnung in kleinen Schritten – Band 2

Brüche kürzen 1

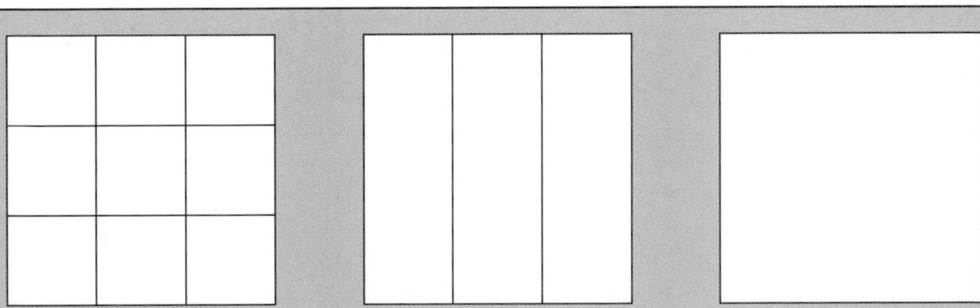

$\frac{9}{9} = \frac{3}{3} = \frac{1}{1} = 1$

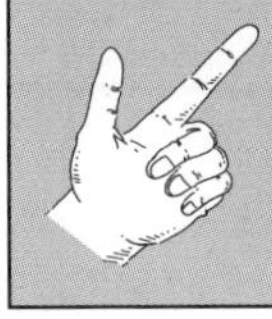

Der Wert eines Bruches ändert sich auch beim Kürzen nicht.

1 Bestimme die gekürzten Brüche.

a) 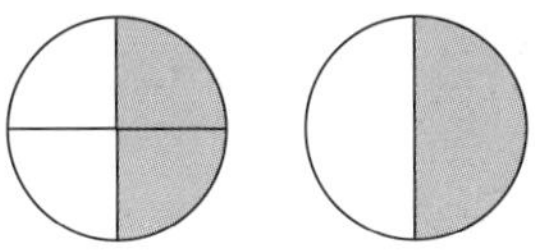

$\frac{2}{4} = \frac{1}{2}$

b) 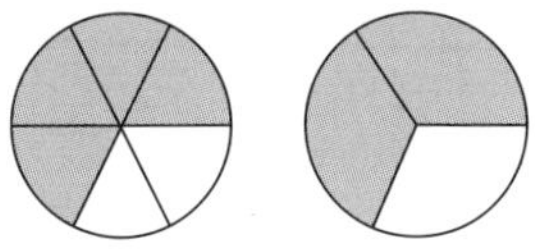

— = —

c) 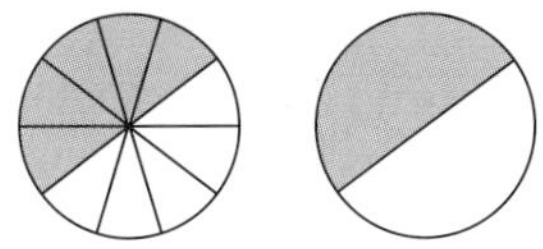

— = —

d) 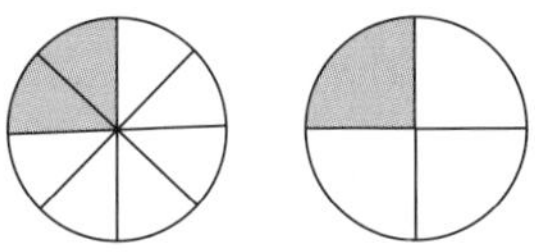

— = —

e) 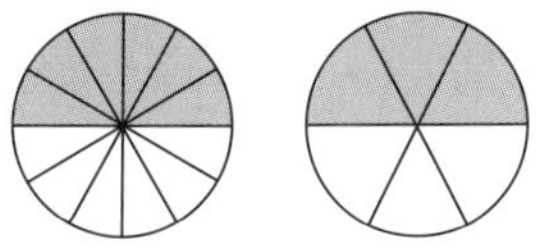

— = —

f) 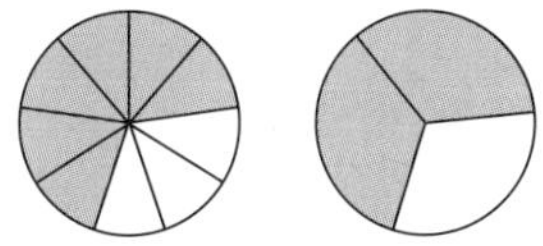

— = —

g) 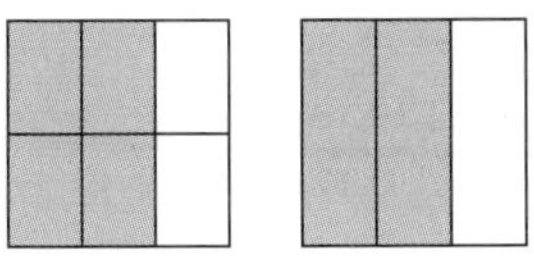

— = —

h) 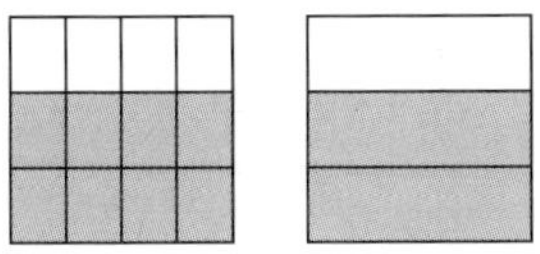

— = —

i) 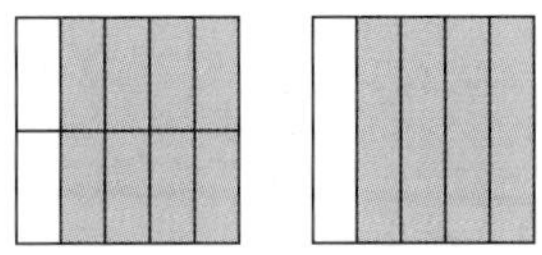

— = —

2 Setze richtig ein: größer – gleich – weniger.

Der Wert eines Bruches bleibt beim Kürzen ____________________.

Es werden ____________________ Teile, dafür werden sie aber

____________________.

Brüche kürzen 2

Beim Kürzen eines Bruches werden Zähler und Nenner durch die gleiche Zahl geteilt:

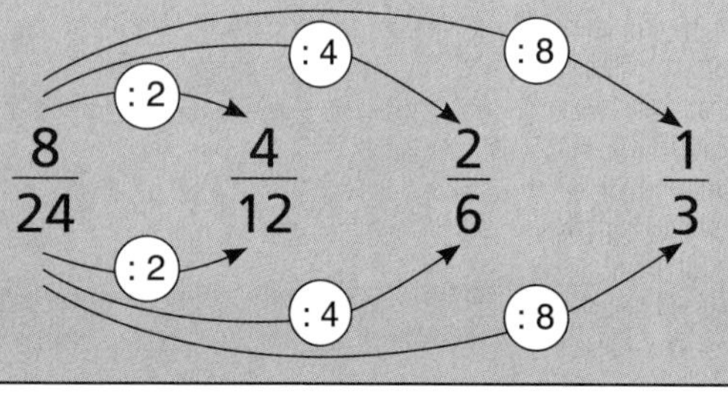

Schreibweise:

$\frac{8}{24} = \frac{8:2}{24:2} = \frac{4}{12}$

1 Berechne das Ergebnis.

a) $\frac{4:2}{8:2} = \frac{\square}{\square}$

b) $\frac{5:5}{10:5} = \frac{\square}{\square}$

c) $\frac{6:2}{8:2} = \frac{\square}{\square}$

d) $\frac{8:4}{20:4} = \frac{\square}{\square}$

e) $\frac{6:2}{10:2} = \frac{\square}{\square}$

f) $\frac{3:3}{9:3} = \frac{\square}{\square}$

g) $\frac{7:7}{21:7} = \frac{\square}{\square}$

h) $\frac{25:5}{50:5} = \frac{\square}{\square}$

i) $\frac{64:8}{48:8} = \frac{\square}{\square}$

j) $\frac{75:25}{100:25} = \frac{\square}{\square}$

2 Mit welcher Zahl wurde gekürzt? Setze ein.

a) $\frac{12}{16}$ → (: 4) → $\frac{3}{4}$ (Zähler : 4, Nenner : 4)

b) $\frac{10}{15}$ → (: 5) → $\frac{2}{3}$ (Zähler : 5, Nenner ◯)

c) $\frac{8}{10}$ → ◯ → $\frac{4}{5}$

d) $\frac{20}{70}$ → ◯ → $\frac{2}{7}$

e) $\frac{15}{21}$ → ◯ → $\frac{5}{7}$

f) $\frac{14}{56}$ → ◯ → $\frac{1}{4}$

g) $\frac{49}{63}$ → ◯ → $\frac{7}{9}$

h) $\frac{56}{78}$ → ◯ → $\frac{28}{39}$

i) $\frac{39}{63}$ → ◯ → $\frac{13}{21}$

(12) Brüche kürzen 3

Manche Brüche kann man mehrmals kürzen.

$$\frac{24}{36} \xrightarrow{:2} \frac{12}{18} \xrightarrow{:3} \frac{4}{6} \xrightarrow{:2} \frac{2}{3}$$

In einem Schritt:

$$\frac{24}{36} \xrightarrow{:12} \frac{2}{3}$$

❶ Kürze die Brüche schrittweise.

a) $\frac{4}{12} = \frac{4:2}{12:2} = \frac{2}{6} = \frac{2:2}{6:2} = \frac{1}{3}$

b) $\frac{10}{40} =$

c) $\frac{36}{36} =$

d) $\frac{4}{16} =$

e) $\frac{6}{30} =$

f) $\frac{9}{27} =$

❷ Kürze die Brüche durch die größtmögliche Zahl.

a) $\frac{10}{30} = \frac{10:10}{30:10} = \frac{1}{3}$

b) $\frac{40}{50} =$ ______ = ___

c) $\frac{49}{56} =$ ______ = ___

d) $\frac{8}{20} =$ ______ = ___

e) $\frac{10}{45} =$ ______ = ___

f) $\frac{12}{30} =$ ______ = ___

g) $\frac{24}{56} =$ ______ = ___

h) $\frac{66}{88} =$ ______ = ___

i) $\frac{34}{51} =$ ______ = ___

❸ Kürze die Brüche so weit wie möglich.

a) $\frac{12}{36} =$

b) $\frac{8}{36} =$

c) $\frac{21}{42} =$

❹ Schreibe vier Brüche auf, die man nicht kürzen kann.

___	___	___	___

Brüche erweitern und kürzen 1

1 Mit welcher Zahl wurde gekürzt bzw. erweitert?

a)

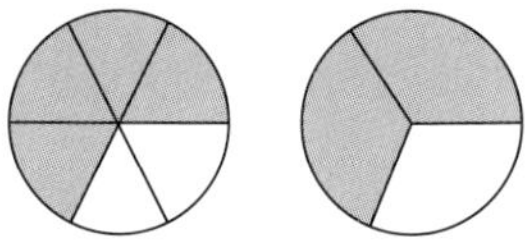

$\frac{4}{6} = \frac{2}{3}$

Hier wurde mit [2] gekürzt.

b)

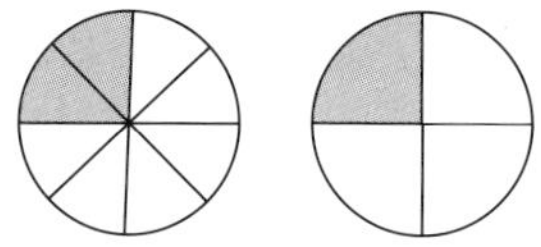

$\frac{}{} = \frac{}{}$

Hier wurde mit [ ] ______.

c)

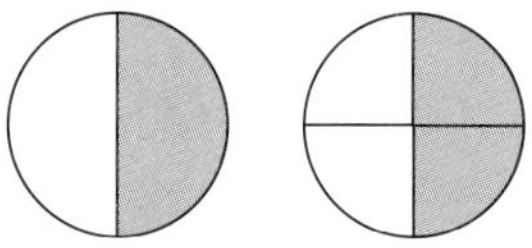

$\frac{}{} = \frac{}{}$

Hier wurde mit [ ] ______.

d)

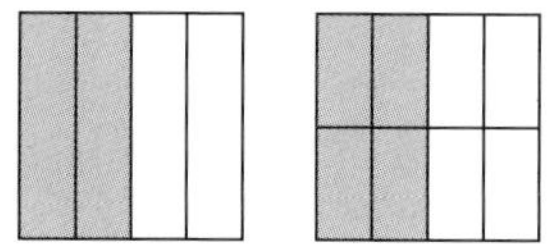

$\frac{}{} = \frac{}{}$

Hier wurde mit [ ] ______.

e)

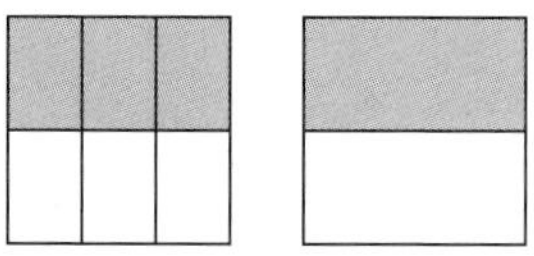

$\frac{}{} = \frac{}{}$

Hier wurde mit [ ] ______.

f)

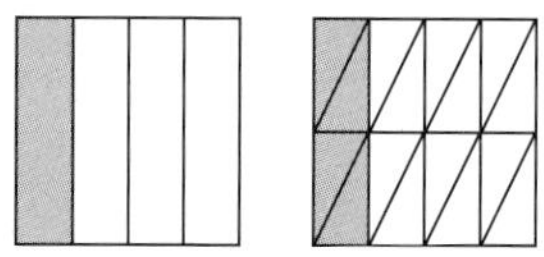

$\frac{}{} = \frac{}{}$

Hier wurde mit [ ] ______.

2 Setze die fehlenden Zahlen ein.

a) $\frac{3}{7} = \frac{3 \cdot 2}{7 \cdot } = \frac{6}{14}$

b) $\frac{7}{12} = \frac{7 \cdot }{12 \cdot } = \frac{21}{36}$

c) $\frac{6}{8} = \frac{6 : }{8 : } = \frac{3}{4}$

d) $\frac{12}{16} = \frac{12 : }{16 : } = \frac{3}{4}$

e) $\frac{5}{9} = \frac{5 \cdot }{9 \cdot } = \frac{40}{72}$

f) $\frac{81}{108} = \frac{81 : }{108 : } = \frac{9}{12}$

g) $\frac{2}{7} = \frac{2 \cdot }{7 \cdot } = \frac{8}{28}$

h) $\frac{2}{3} = \frac{2 \cdot }{3 \cdot } = \frac{22}{33}$

i) $\frac{42}{72} = \frac{42 : }{72 : } = \frac{7}{12}$

K. Becker/E. Iaccarino: Bruchrechnung in kleinen Schritten – Band 2

Brüche erweitern und kürzen 2

1 Mit welcher Zahl wurde gekürzt bzw. erweitert? Setze ein.

a) $\frac{2}{3} = \frac{4}{6}$ (oben: $\cdot 2$, unten: $\cdot$ ◯)

b) $\frac{3}{18} = \frac{1}{6}$ (oben: : ◯, unten: : ◯)

c) $\frac{7}{8} = \frac{21}{24}$ (oben: ◯, unten: ◯)

d) $\frac{48}{72} = \frac{6}{9}$ (oben: ◯, unten: ◯)

e) $\frac{42}{99} = \frac{14}{33}$ (oben: ◯, unten: ◯)

f) $\frac{5}{13} = \frac{20}{52}$ (oben: ◯, unten: ◯)

2 Setze die fehlenden Zahlen ein.

a) $\frac{1}{4} = \frac{\square}{16}$ (oben: $\cdot 4$, unten: ◯)

b) $\frac{26}{130} = \frac{\square}{10}$ (oben: $:13$, unten: ◯)

c) $\frac{5}{18} = \frac{15}{\square}$ (oben: ◯, unten: $\cdot 3$)

d) $\frac{1}{7} = \frac{7}{49}$ (oben: ◯, unten: ◯)

e) $\frac{64}{88} = \frac{8}{\square}$ (oben: ◯, unten: ◯)

f) $\frac{12}{3} = \frac{\square}{\square}$ (oben: ◯, unten: $\cdot 6$)

3 Bestimme die Erweiterungs- bzw. Kürzungszahl.

a) $\frac{2}{7} = \frac{10}{35} \Rightarrow$ Erweiterungszahl 5

b) $\frac{3}{4} = \frac{9}{12} \Rightarrow$ ____________________

c) $\frac{120}{130} = \frac{12}{13} \Rightarrow$ ____________________

d) $\frac{12}{36} = \frac{3}{9} \Rightarrow$ ____________________

e) $\frac{44}{16} = \frac{11}{4} \Rightarrow$ ____________________

f) $\frac{3}{4} = \frac{39}{52} \Rightarrow$ ____________________

15

Brüche erweitern und kürzen 3

1 Welche Brüche wurden falsch erweitert oder gekürzt?
Korrigiere falsche Ergebnisse.

a) $\frac{16}{32} = \frac{4}{8}$ b) $\frac{15}{25} = \frac{3}{6}$ c) $\frac{18}{90} = \frac{2}{10}$

d) $\frac{2}{7} = \frac{6}{21}$ e) $\frac{5}{6} = \frac{40}{36}$ f) $\frac{1}{13} = \frac{4}{39}$

2 Erweitere bzw. kürze so, dass der Nenner des Ergebnisses immer 6 ist.

a) $\frac{1}{2} = \frac{1 \cdot }{2 \cdot 3} = \frac{}{6}$ b) $\frac{4}{12} = \frac{4 : }{12 : 2} = \frac{}{6}$ c) $\frac{4}{2} = \frac{4 \cdot }{2 \cdot } = \frac{}{6}$

d) $\frac{16}{24} = \frac{16 : }{24 : } = \frac{}{}$ e) $\frac{40}{60} = \frac{}{} = \frac{}{}$ f) $\frac{80}{120} = \frac{}{} = \frac{}{}$

g) $\frac{3}{3} = \frac{}{} = \frac{}{}$ h) $\frac{5}{6} = \frac{}{} = \frac{}{}$ i) $\frac{24}{36} = \frac{}{} = \frac{}{}$

3 Kürze die Brüche so weit wie möglich. Du kannst schrittweise vorgehen.

a) $\frac{14}{28} =$ b) $\frac{64}{80} =$ c) $\frac{6}{36} =$

4 Setze die fehlenden Zahlen ein.

a) $\frac{9}{12} = \frac{3}{\square} = \frac{\square}{16} = \frac{24}{\square}$ b) $\frac{20}{50} = \frac{\square}{25} = \frac{2}{\square} = \frac{\square}{30}$

c) $\frac{3}{7} = \frac{\square}{21} = \frac{\square}{42} = \frac{6}{\square}$ d) $\frac{\square}{3} = \frac{8}{6} = \frac{\square}{36} = \frac{\square}{12}$

Brüche ordnen 1

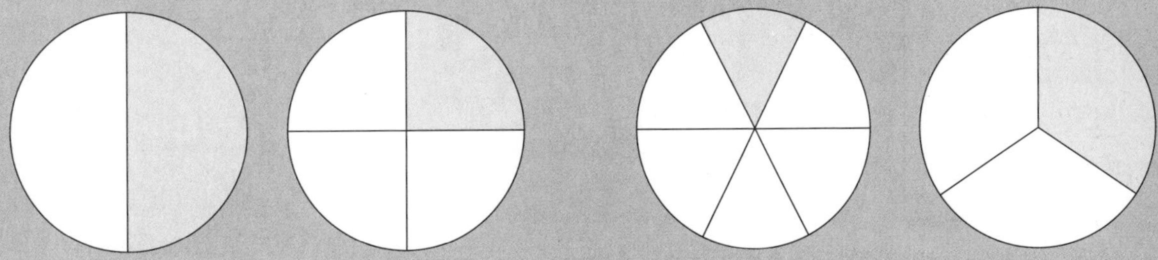

$\frac{1}{2}$ > $\frac{1}{4}$ $\frac{1}{6}$ < $\frac{1}{3}$

Ein halbes Stück ist größer als ein Viertelstück.

Ein Sechstelstück ist kleiner als ein Drittelstück.

❶ Setze die richtigen Zeichen (>, <, =).

a) 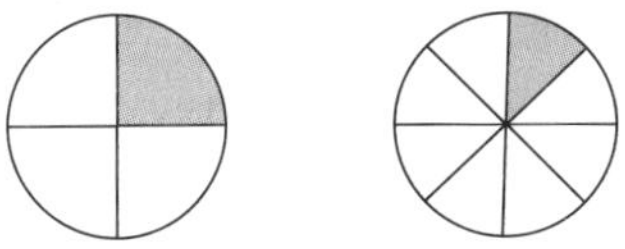

$\frac{1}{4}$ ☐ $\frac{1}{8}$

b) 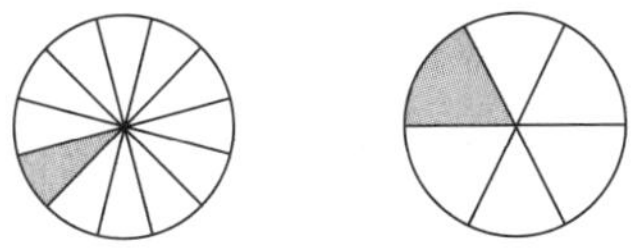

$\frac{1}{12}$ ☐ $\frac{1}{6}$

c) 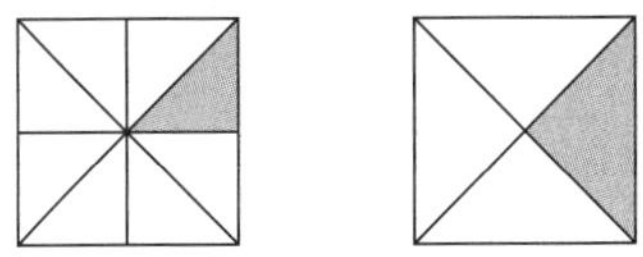

$\frac{1}{8}$ ☐ $\frac{1}{4}$

d) 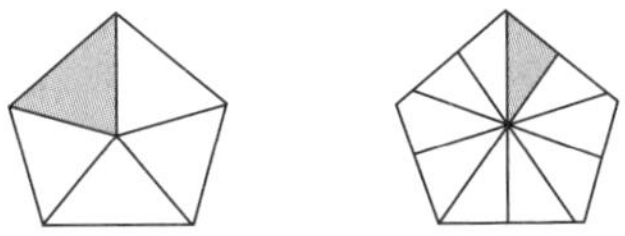

$\frac{1}{5}$ ☐ $\frac{1}{10}$

e) 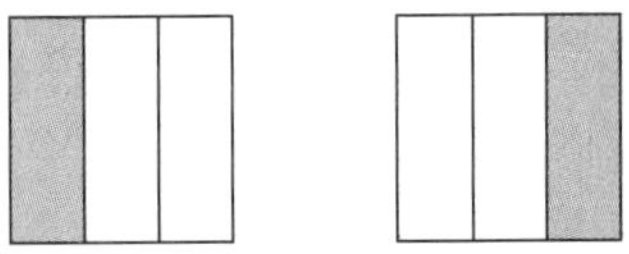

$\frac{1}{3}$ ☐ $\frac{1}{3}$

f) 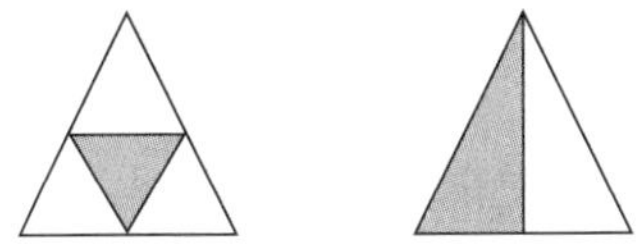

$\frac{1}{4}$ ☐ $\frac{1}{2}$

❷ Setze die richtigen Zeichen (>, <, =). Färbe die angegebenen Bruchteile.

a) 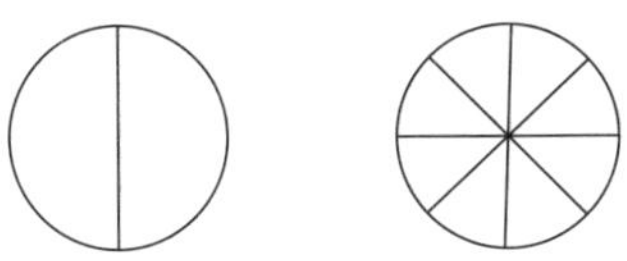

$\frac{1}{2}$ ☐ $\frac{1}{8}$

b) 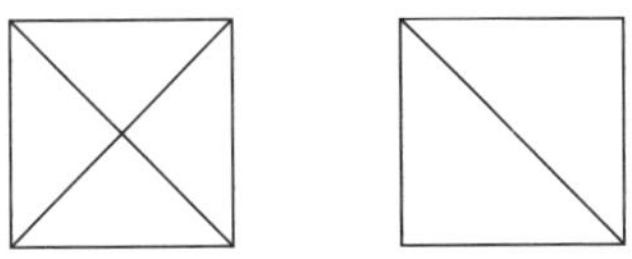

$\frac{1}{4}$ ☐ $\frac{1}{2}$

c) 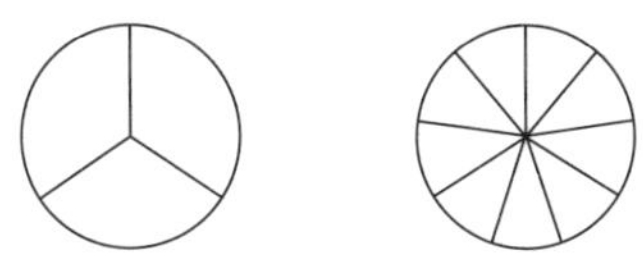

$\frac{1}{3}$ ☐ $\frac{1}{9}$

❸ Setze die richtigen Zeichen (>, <, =). Gib die Bruchzahlen an.

a) 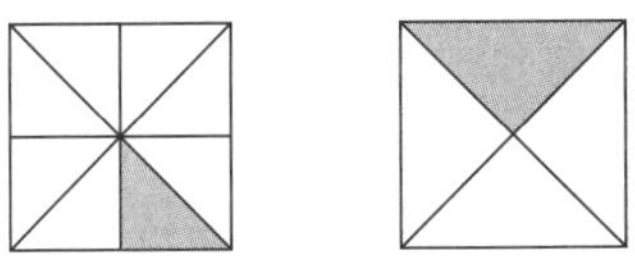

— ☐ —

b) 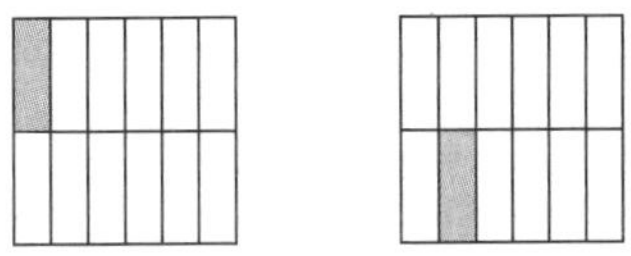

— ☐ —

c) 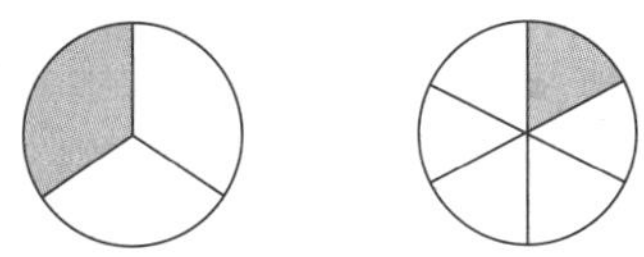

— ☐ —

Brüche ordnen 2

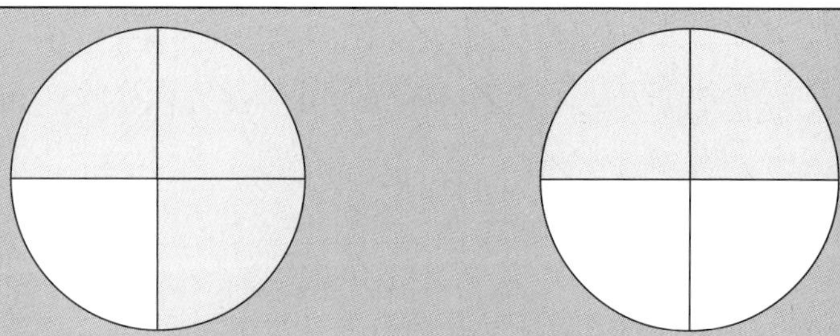

$\frac{3}{4}$ > $\frac{2}{4}$

Bei Brüchen mit gleichen Nennern ist der Bruch mit dem größeren Zähler der größere Bruch.

1 Setze die richtigen Zeichen (>, <, =).

a) 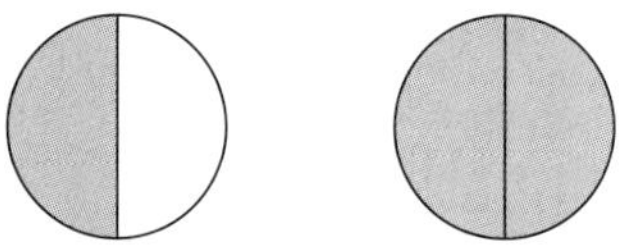

$\frac{1}{2}$ ☐ $\frac{2}{2}$

b) 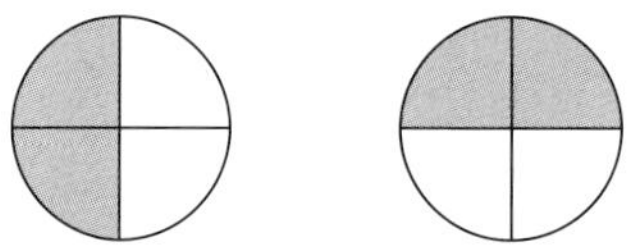

$\frac{2}{4}$ ☐ $\frac{2}{4}$

c) 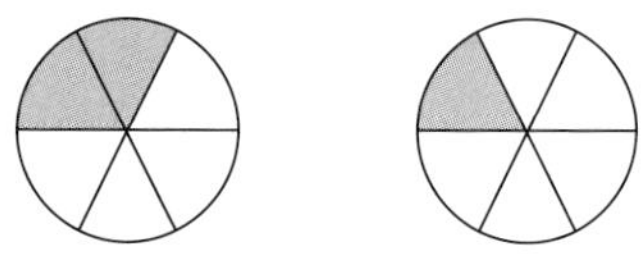

$\frac{2}{6}$ ☐ $\frac{1}{6}$

d) 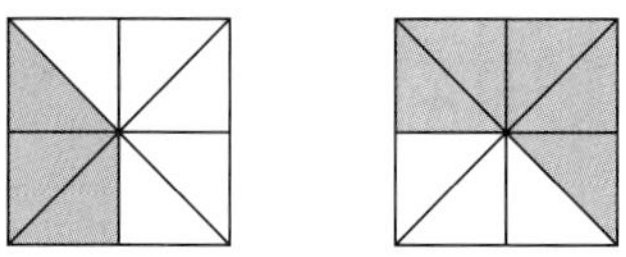

$\frac{3}{8}$ ☐ $\frac{5}{8}$

e) 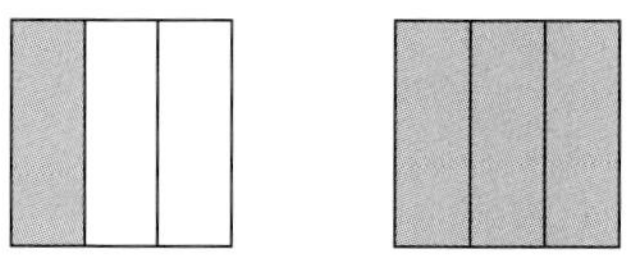

$\frac{1}{3}$ ☐ $\frac{3}{3}$

f) 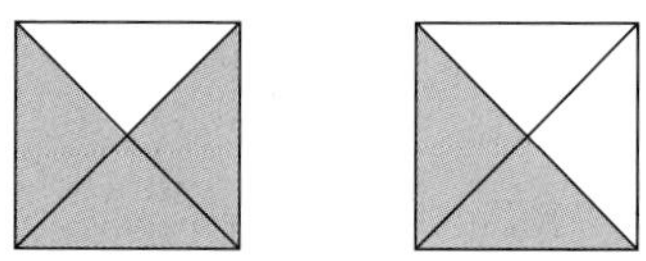

$\frac{3}{4}$ ☐ $\frac{2}{4}$

2 Setze die richtigen Zeichen (>, <, =).

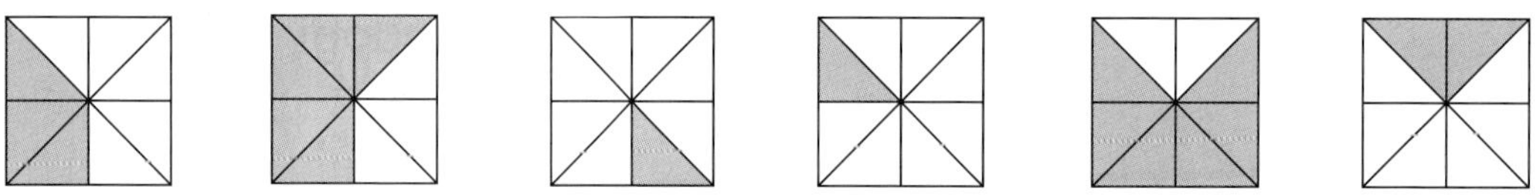

$\frac{3}{8}$ ☐ $\frac{5}{8}$ ☐ $\frac{1}{8}$ ☐ $\frac{1}{8}$ ☐ $\frac{6}{8}$ ☐ $\frac{2}{8}$

3 Setze die richtigen Zeichen (>, <, =).

a) $\frac{1}{3}$ ☐ $\frac{2}{3}$ b) $\frac{3}{12}$ ☐ $\frac{11}{12}$ c) $\frac{4}{9}$ ☐ $\frac{2}{9}$ d) $\frac{5}{8}$ ☐ $\frac{7}{8}$

e) $\frac{5}{7}$ ☐ $\frac{6}{7}$ f) $\frac{27}{32}$ ☐ $\frac{27}{32}$ g) $\frac{11}{13}$ ☐ $\frac{13}{13}$ h) $\frac{17}{56}$ ☐ $\frac{3}{56}$

K. Becker/E. Iaccarino: Bruchrechnung in kleinen Schritten – Band 2

Brüche ordnen 3

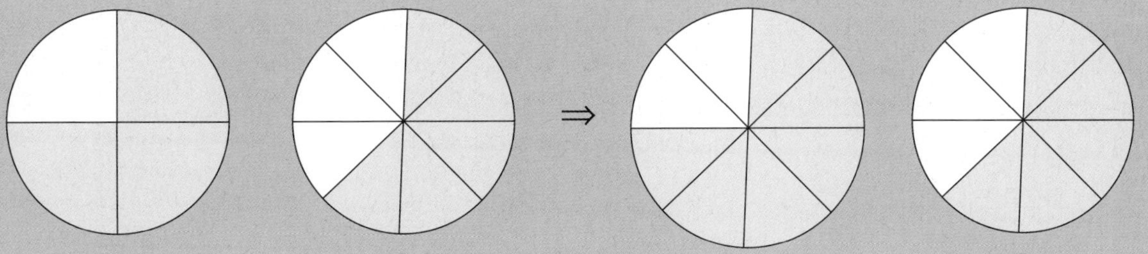

$\frac{3}{4}$? $\frac{5}{8}$ ⇒ $\frac{3 \cdot 2}{4 \cdot 2} = \frac{6}{8}$ > $\frac{5}{8}$

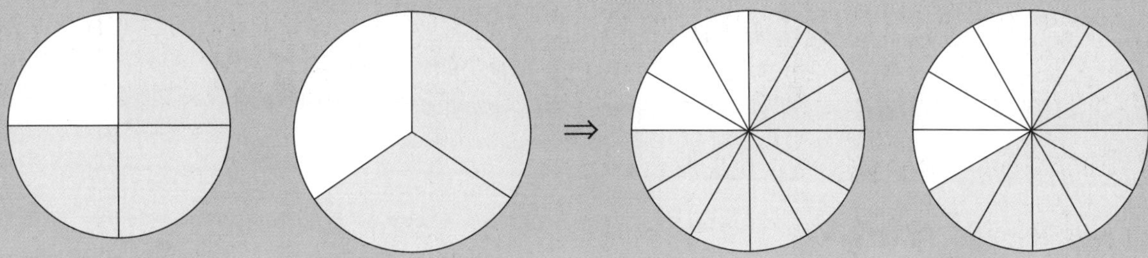

$\frac{3}{4}$? $\frac{2}{3}$ ⇒ $\frac{3 \cdot 3}{4 \cdot 3} = \frac{9}{12}$ > $\frac{2 \cdot 4}{3 \cdot 4} = \frac{8}{12}$

Brüche mit unterschiedlichen Nennern und Zählern müssen erst auf einen gemeinsamen Nenner erweitert werden.

1 Erweitere auf einen gemeinsamen Nenner.
Setze dann das richtige Zeichen (>, <, =).

a) $\frac{1}{2}$ = $\frac{2}{4}$
⇒ $\frac{1 \cdot 2}{2 \cdot 2} = \frac{2}{4}$ = $\frac{2}{4}$

b) $\frac{2}{3}$ ☐ $\frac{4}{9}$
⇒ $\frac{2 \cdot}{3 \cdot} = \frac{}{}$ ☐ $\frac{4}{9}$

c) $\frac{2}{5}$ ☐ $\frac{3}{10}$
⇒ $\frac{2 \cdot}{5 \cdot} = \frac{}{}$ ☐ $\frac{3}{10}$

d) $\frac{3}{4}$ ☐ $\frac{6}{8}$
⇒ $\frac{3 \cdot}{4 \cdot} = \frac{}{}$ ☐ $\frac{6}{8}$

e) $\frac{1}{3}$ ☐ $\frac{5}{6}$
⇒ $\frac{1 \cdot}{3 \cdot} = \frac{}{}$ ☐ $\frac{5}{6}$

f) $\frac{7}{10}$ ☐ $\frac{3}{20}$
⇒ $\frac{7 \cdot}{10 \cdot} = \frac{}{}$ ☐ $\frac{3}{20}$

2 Erweitere auf einen gemeinsamen Nenner.
Setze dann das richtige Zeichen (>, <, =).

a) $\frac{1}{3}$ ☐ $\frac{2}{4}$

b) $\frac{3}{7}$ ☐ $\frac{2}{2}$

c) $\frac{2}{3}$ ☐ $\frac{4}{5}$

d) $\frac{5}{6}$ ☐ $\frac{3}{5}$

e) $\frac{3}{8}$ ☐ $\frac{2}{3}$

f) $\frac{3}{4}$ ☐ $\frac{5}{6}$

Brüche als Maßzahlen 1

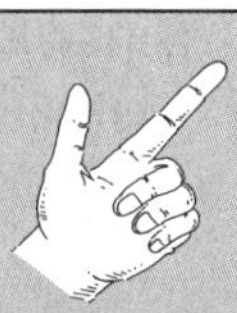

Brüche werden oft genutzt, um Größen zu beschreiben oder Mengen anzugeben. Sie werden als Maßzahlen benutzt.

$\frac{3}{8}$ l Milch
4 Eigelb
$\frac{1}{2}$ kg Erdbeeren

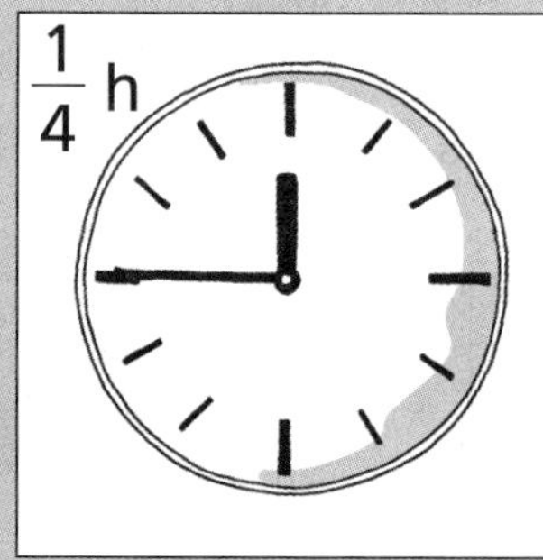

1 Bestimme die Maßzahlen und notiere sie als Bruch. Vergiss die Einheiten nicht.

a) 

b) 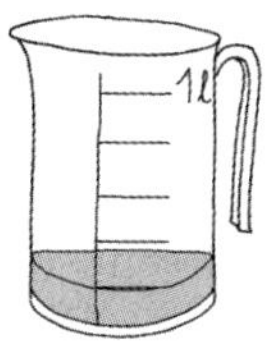

c) 

d) 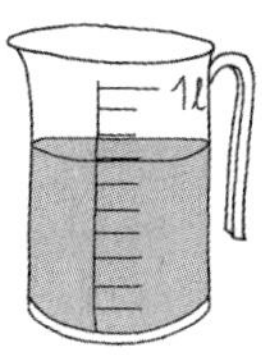

e) 

f) 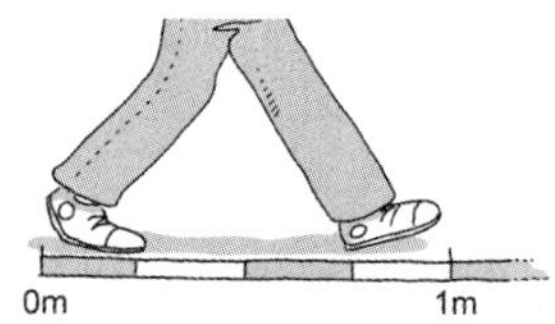

2 Frau Müller probiert ein neues Suppenrezept aus. Sie braucht $\frac{1}{2}$ l Hühnerbrühe und $\frac{1}{10}$ l Sahne.

a) Welcher Messbecher enthält die Brühe, welcher die Sahne?

(1) 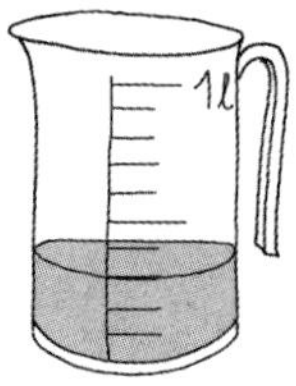

(2) 

(3) 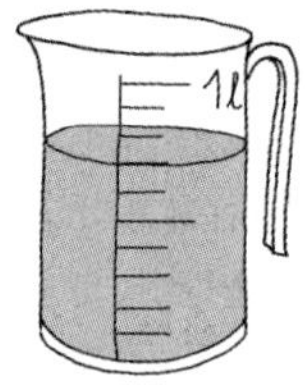

(4) 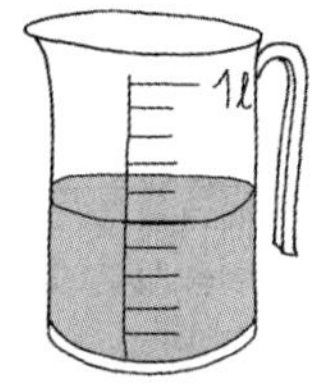

Sahne: ____________ Brühe: ____________

b) Wie viel l enthalten die übrigen Messbecher?

Becher ______ enthält ____________. Becher ______ enthält ____________.

K. Becker/E. Iaccarino: Bruchrechnung in kleinen Schritten – Band 2

Brüche als Maßzahlen 2

Maßzahlen wie $\frac{1}{4}$ kg, $\frac{3}{4}$ m, $\frac{1}{2}$ h ... kann man in andere Maßeinheiten umrechnen.

Beispiel: a) $\frac{1}{4}$ m in cm umrechnen:

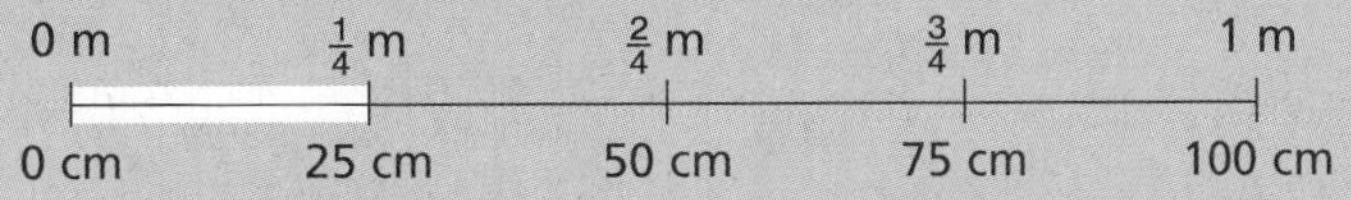

$\frac{1}{4}$ m = 100 cm : 4 · 1 = 25 cm

b) $\frac{3}{4}$ m in cm umrechnen:

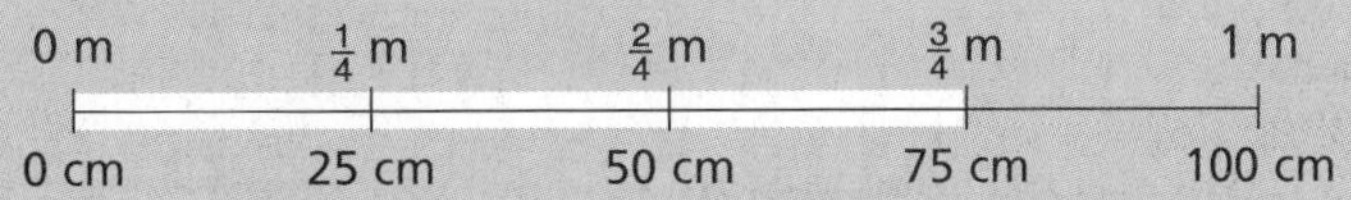

$\frac{3}{4}$ m = 100 cm : 4 · 3 = 75 cm

1 Rechne in cm um.

1 m = 100 cm

a) $\frac{1}{2}$ m = 100 cm : 2 · 1 = ______ cm

b) $\frac{3}{10}$ m = ______________ = ______ cm

c) $\frac{3}{4}$ m = ______________ = ______ cm

d) $\frac{1}{10}$ m = ______________ = ______ cm

e) $\frac{2}{5}$ m = ______________ = ______ cm

f) $\frac{1}{20}$ m = ______________ = ______ cm

2 Rechne in Minuten um.

1 h = 60 min

$\frac{1}{4}$ h = 60 min : 4 = ______ min

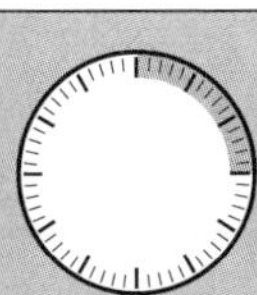

a) $\frac{1}{4}$ h = ______________ min

b) $\frac{1}{6}$ h = ______________ = ______ min

c) $\frac{3}{4}$ h = ______________ = ______ min

3 Rechne in die angegebene Einheit um.

1 km = 1000 m
1 kg = 1000 g
1 cm = 10 mm

a) $\frac{1}{2}$ km = ______ m

b) $\frac{2}{6}$ h = ______ min

c) $\frac{3}{4}$ kg = ______ g

d) $\frac{2}{5}$ cm = ______ mm

e) $\frac{7}{8}$ kg = ______ g

f) $\frac{7}{10}$ m = ______ cm

Den Bruchteil einer Größe bestimmen 1

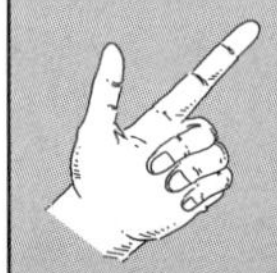

$\frac{4}{5}$ von 15 cm

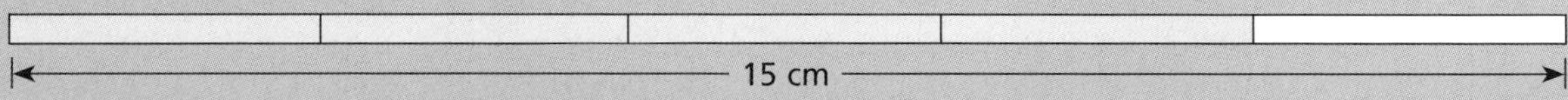

1. Schritt: Die 15 cm werden in 5 (Nenner) gleich große Teile zerlegt.
2. Schritt: Wir nehmen dann 4 (Zähler) dieser Teile.
   $3\text{ cm} \cdot 4 = 12\text{ cm}$.

Rechnung mithilfe des Operatormodells:

$15\text{ cm} \xrightarrow{\cdot \frac{4}{5}} 12\text{ cm}$

$15\text{ cm} \xrightarrow{:5} 3\text{ cm} \xrightarrow{\cdot 4} 12\text{ cm}$

1 Gib die abgebildeten Bruchteile an. Berechne mithilfe des Operatormodells.

a) 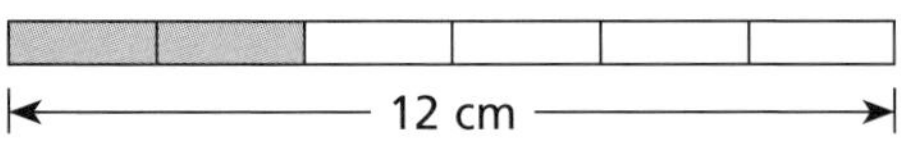

$\frac{\square}{\square}$ von 12 cm = ☐ cm

12 cm $\xrightarrow{\cdot \frac{\square}{\square}}$ ☐ cm

12 cm $\xrightarrow{:}$ ☐ cm $\xrightarrow{\cdot}$ ☐ cm

b) 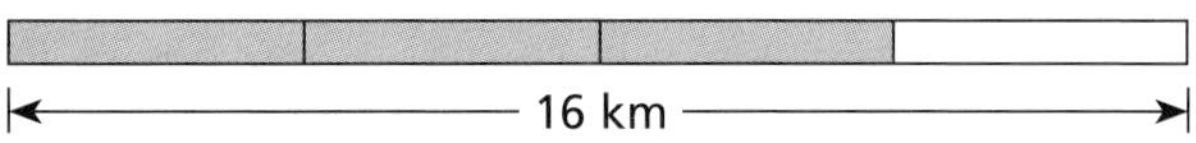

$\frac{\square}{\square}$ von 16 km = ☐ km

16 km $\xrightarrow{\cdot \frac{\square}{\square}}$ ☐ km

16 km $\xrightarrow{:}$ ☐ km $\xrightarrow{\cdot}$ ☐ km

c) 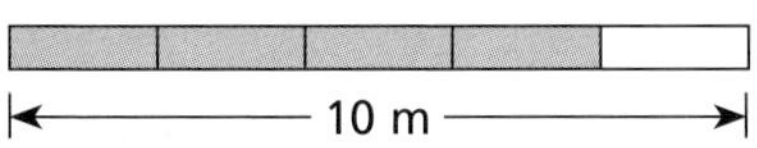

$\frac{\square}{\square}$ von 10 m = ☐ m

10 m $\xrightarrow{\cdot \frac{\square}{\square}}$ ☐ m

10 m $\xrightarrow{:}$ ☐ m $\xrightarrow{\cdot}$ ☐ m

d) 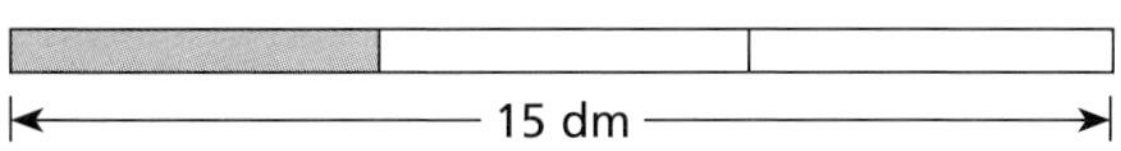

$\frac{\square}{\square}$ von 15 dm = ☐ dm

15 dm $\xrightarrow{\cdot \frac{\square}{\square}}$ ☐ dm

15 dm $\xrightarrow{:}$ ☐ dm $\xrightarrow{\cdot}$ ☐ dm

Den Bruchteil einer Größe bestimmen 2

$\frac{2}{3}$ von 600 g

600 g —($\cdot \frac{2}{3}$)→ 400 g

600 g —(: 3)→ 200 g —($\cdot$ 2)→ 400 g

Um den Bruchteil einer Größe zu bestimmen, teilt man die Größe durch den Nenner und multipliziert das Ergebnis mit dem Zähler.

1 Ergänze.

a) $\frac{2}{5}$ von 40 g

40 g —($\cdot \frac{2}{5}$)→ □ g

40 g —(:)→ □ g —($\cdot$)→ □ g

b) $\frac{3}{4}$ von 36 km

36 km —($\cdot \frac{3}{4}$)→ □ km

36 km —(:)→ □ km —($\cdot$)→ □ km

c) $\frac{5}{6}$ von 18 kg

18 kg —($\cdot \frac{5}{6}$)→ □ kg

18 kg → □ kg → □ kg

d) $\frac{2}{7}$ von 21 l

21 l —($\cdot \frac{2}{7}$)→ □ l

21 l → □ l → □ l

2 Sabine ist Auszubildende im 1. Lehrjahr. Ihr monatliches Gehalt beträgt 320 €. $\frac{2}{10}$ von diesen 320 € gibt sie ihrer Mutter für Wohnen und Essen. Wie viel Euro gibt Sabine monatlich an ihre Mutter ab?

320 € → □ €

320 € → □ € → □ €

Antwort: ____

Den Bruchteil einer Größe bestimmen 3

$\frac{3}{4}$ l

1 Berechne.

a) $\frac{3}{4}$ von 8 kg

b) $\frac{2}{5}$ von 35 m

c) $\frac{2}{3}$ von 27 l

d) $\frac{3}{8}$ von 32 €

2 Berechne das Ergebnis im Kopf.

a) $\frac{1}{4}$ von 20 € = ______

b) $\frac{3}{7}$ von 14 l = ______

c) $\frac{3}{5}$ von 25 mm = ______

d) $\frac{2}{5}$ von 15 kg = ______

e) $\frac{1}{3}$ von 21 m = ______

f) $\frac{2}{3}$ von 30 km = ______

g) $\frac{3}{4}$ von 16 min = ______

h) $\frac{7}{10}$ von 100 € = ______

i) $\frac{5}{6}$ von 36 dm = ______

3 Das Kino „Filmpalast“ hat 300 Plätze. Man kann sich die Filme um 17.00 h, um 20.00 h und um 23.00 h anschauen. Wie viele Karten wurden jeweils verkauft?

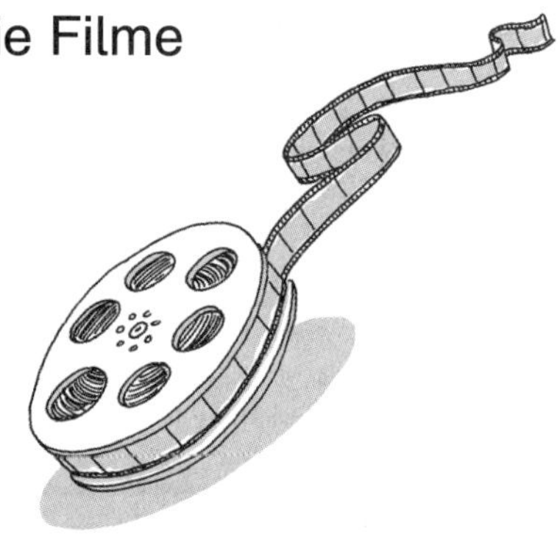

a) Um 17:00 Uhr: $\frac{2}{5}$ aller Karten wurden verkauft.

Rechnung: ______________________

Antwort: ______________________

b) Um 20:00 Uhr: $\frac{5}{6}$ aller Karten wurden verkauft.

Rechnung: ______________________

Antwort: ______________________

c) Um 23:00 Uhr: $\frac{1}{3}$ aller Karten wurden verkauft.

Rechnung: ______________________

Antwort: ______________________

K. Becker/E. Iaccarino: Bruchrechnung in kleinen Schritten – Band 2

Brüche mit gleichen Nennern addieren 1

$\frac{2}{3}+\frac{1}{2}$

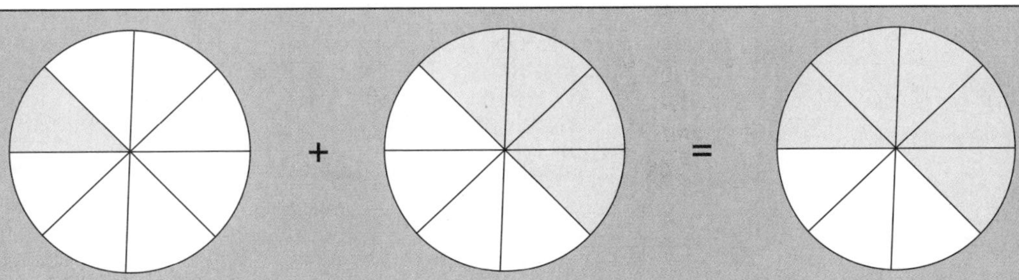

$$\frac{1}{8} + \frac{4}{8} = \frac{5}{8}$$

Bei der Addition von Brüchen mit gleichen Nennern werden die Zähler addiert. Der Nenner bleibt gleich.

1 Gib das Ergebnis an und färbe die entsprechenden Bruchteile.

a)

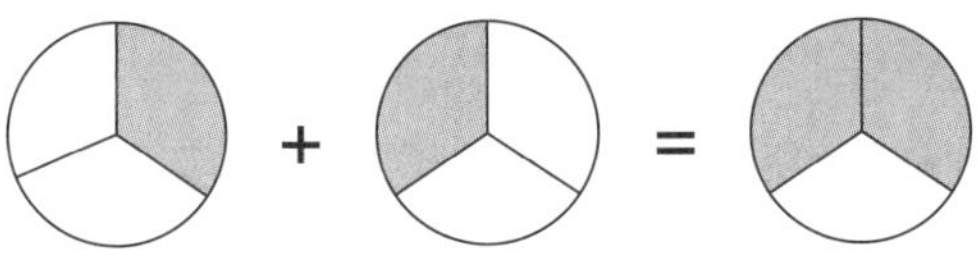

$\frac{1}{3} + \frac{1}{3} = \frac{2}{3}$

b)

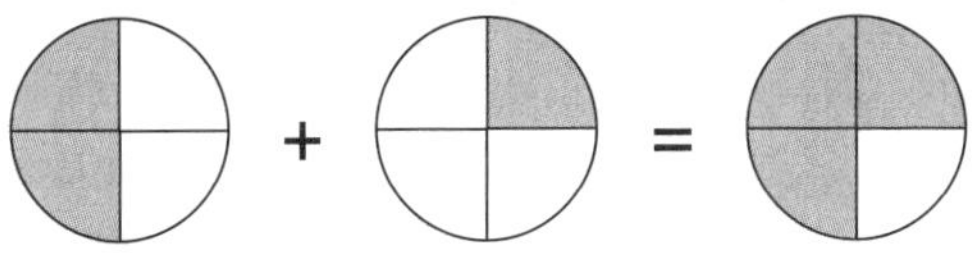

$\frac{2}{4} + \frac{1}{4} = \frac{\square}{\square}$

c)

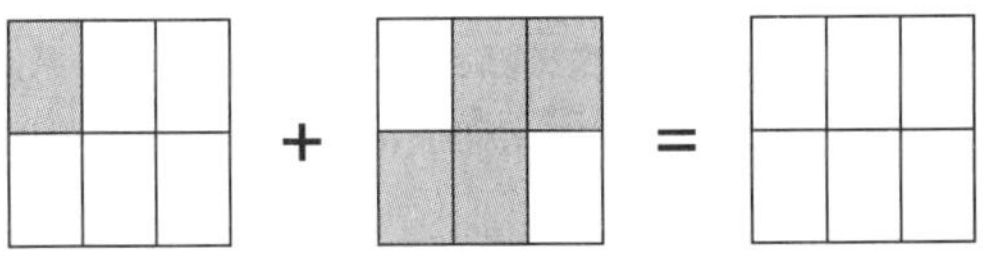

$\frac{1}{6} + \frac{4}{6} = \frac{\square}{\square}$

d)

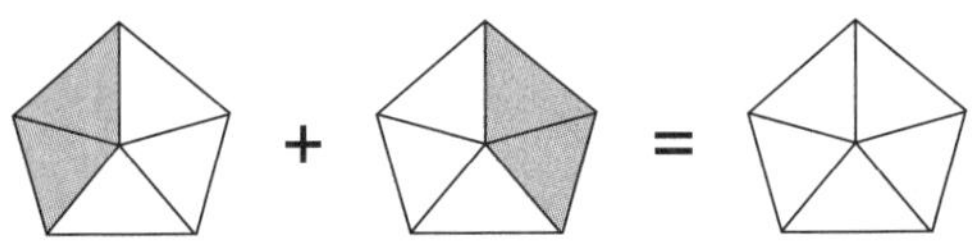

$\frac{2}{5} + \frac{2}{5} = \frac{\square}{\square}$

e)

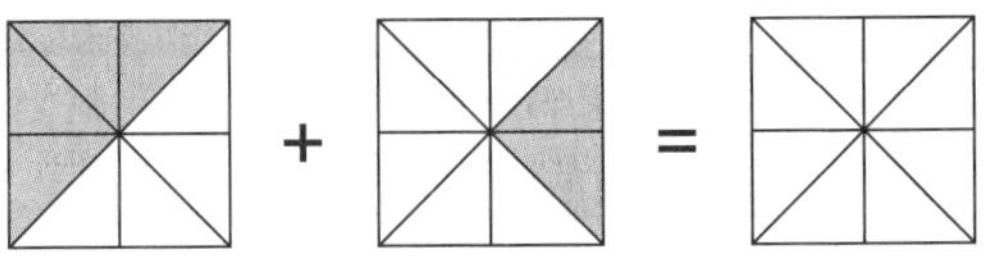

$\frac{5}{8} + \frac{2}{8} = \frac{\square}{\square}$

f)

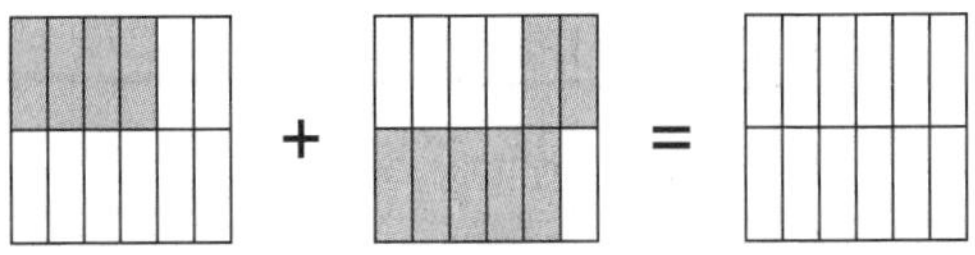

$\frac{4}{12} + \frac{7}{12} = \frac{\square}{\square}$

g)

$\frac{7}{16} + \frac{4}{16} = \frac{\square}{\square}$

h)

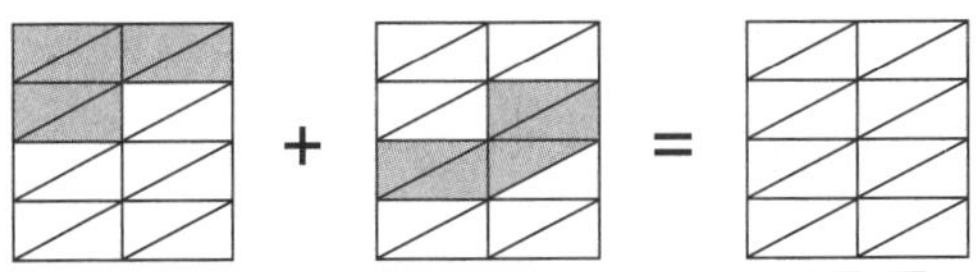

$\frac{6}{16} + \frac{5}{16} = \frac{\square}{\square}$

25

Brüche mit gleichen Nennern addieren 2

$\frac{2}{3}+\frac{1}{2}$

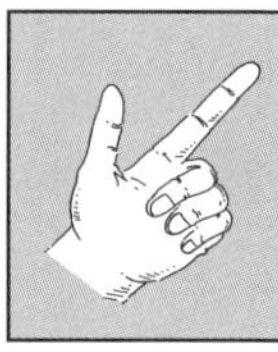

Bei der Addition von Brüchen mit gleichen Nennern werden die Zähler addiert. Der Nenner bleibt gleich.

1 Vervollständige die Aufgabe: Gib die Brüche an und färbe die Bruchteile.

a)

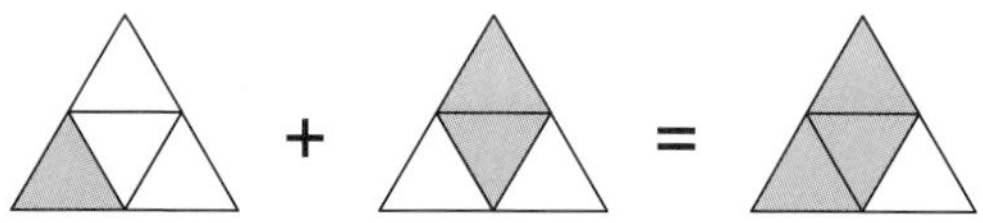

— + — = —

b)

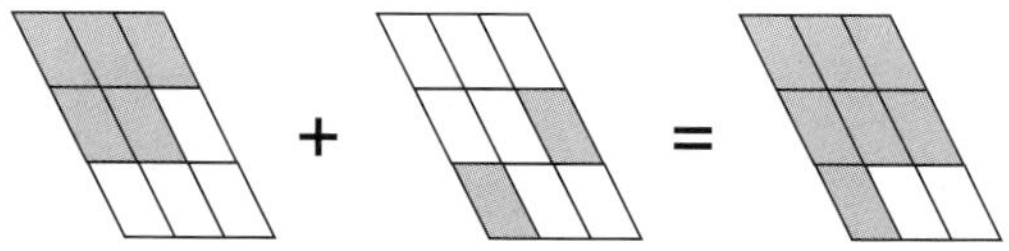

— + — = —

c)

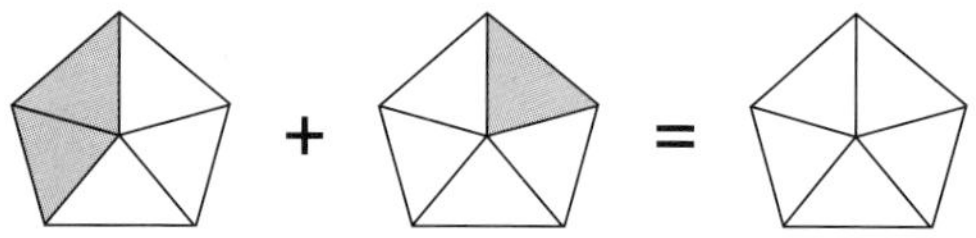

— + — = —

d)

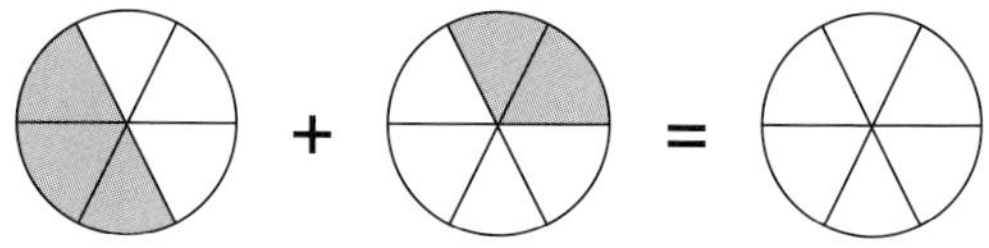

— + — = —

e)

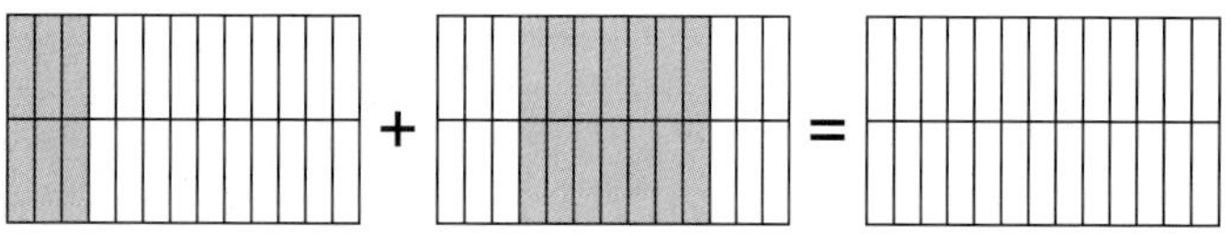

— + — = —

f)

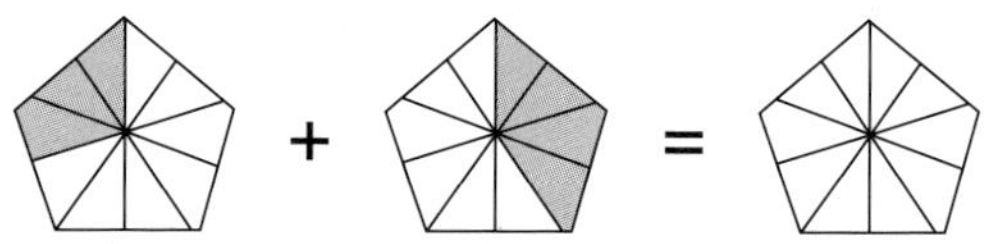

— + — = —

2 Berechne das Ergebnis und färbe die Bruchteile.

a)

$\frac{1}{3} + \frac{1}{3} =$ —

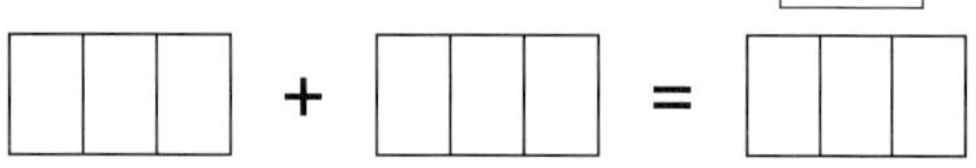

$\frac{5}{9} + \frac{3}{9} =$ —

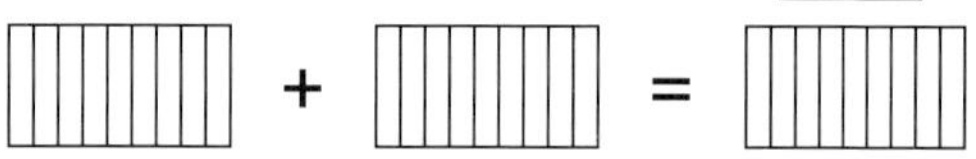

$\frac{3}{4} + \frac{1}{4} =$ —

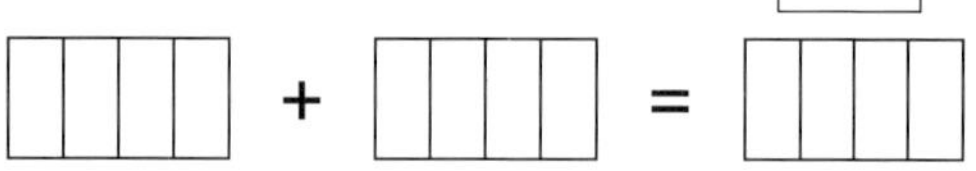

b)

$\frac{3}{10} + \frac{4}{10} =$ —

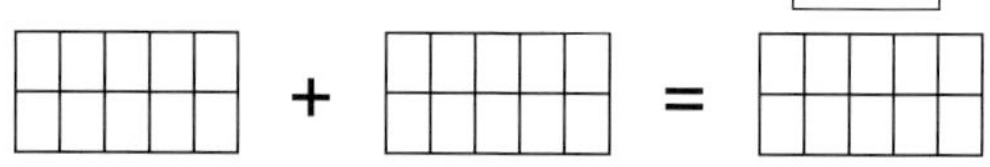

$\frac{2}{7} + \frac{4}{7} =$ —

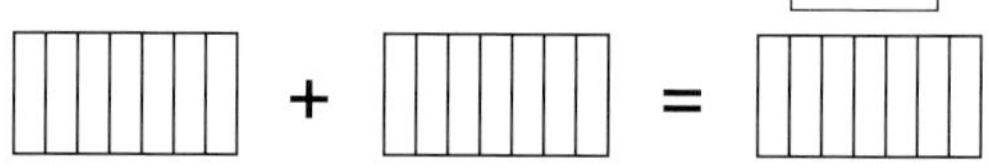

$\frac{3}{12} + \frac{7}{12} =$ —

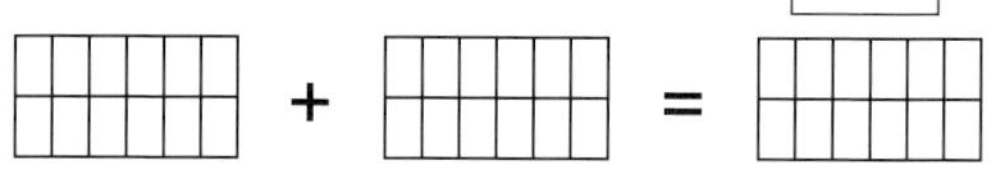

Brüche mit gleichen Nennern addieren 3

$\frac{2}{3}+\frac{1}{2}$

1 Setze richtig ein: Nenner – Zähler – gleich.

Brüche mit gleichen Nennern werden addiert, indem man die ______________

addiert und der ______________ ______________ bleibt.

2 Löse die Aufgabe. Kürze das Ergebnis, wenn möglich.

a) $\frac{4}{10}+\frac{2}{10}=$

$\frac{13}{18}+\frac{11}{18}=$

$\frac{6}{37}+\frac{23}{37}=$

$\frac{7}{24}+\frac{11}{24}+\frac{4}{24}=$

b) $\frac{5}{18}+\frac{2}{18}+\frac{7}{18}=$

$\frac{23}{56}+\frac{18}{56}=$

$\frac{13}{28}+\frac{11}{28}=$

$\frac{5}{12}+\frac{1}{12}+\frac{1}{12}=$

c) $\frac{12}{35}+\frac{6}{35}+\frac{9}{35}=$

$\frac{27}{49}+\frac{16}{49}=$

$\frac{17}{55}+\frac{9}{55}+\frac{14}{55}=$

$\frac{23}{64}+\frac{17}{64}=$

3 Pauls Mutter stellt nach Pauls Geburtstagsfeier 2 Achtel eines Apfelkuchens, 3 Achtel eines Schokoladenkuchens und 2 Achtel einer Sahnetorte auf einen Teller. Wie viel Achtel sind dies zusammen?

Rechnung: ______________________________

Antwort: ______________________________

4 Löse die Aufgabe und schreibe die Ergebnisse auch in gemischter Schreibweise.

a) $\frac{9}{11}+\frac{10}{11}=$

$\frac{16}{21}+\frac{10}{21}+\frac{18}{21}=$

$\frac{7}{12}+\frac{10}{12}=$

b) $\frac{25}{37}+\frac{18}{37}=$

$\frac{5}{7}+\frac{3}{7}+\frac{8}{7}=$

$\frac{15}{29}+\frac{17}{29}+\frac{3}{29}=$

c) $\frac{11}{12}+\frac{7}{12}=$

$\frac{20}{41}+\frac{39}{41}=$

$\frac{8}{9}+\frac{7}{9}+\frac{7}{9}=$

Brüche mit gleichen Nennern addieren 4

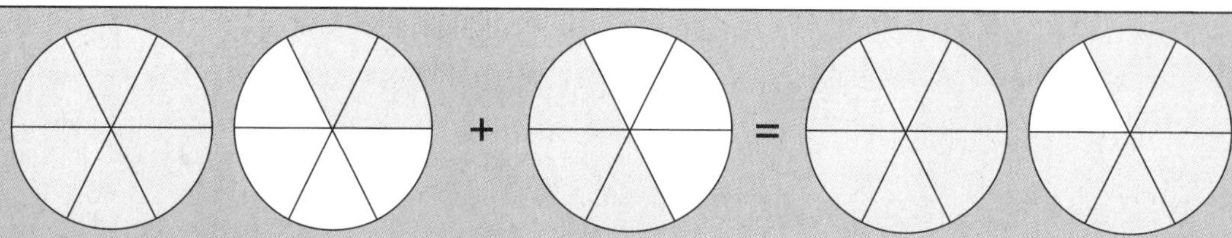

$1\frac{2}{6} + \frac{3}{6} = 1\frac{5}{6}$

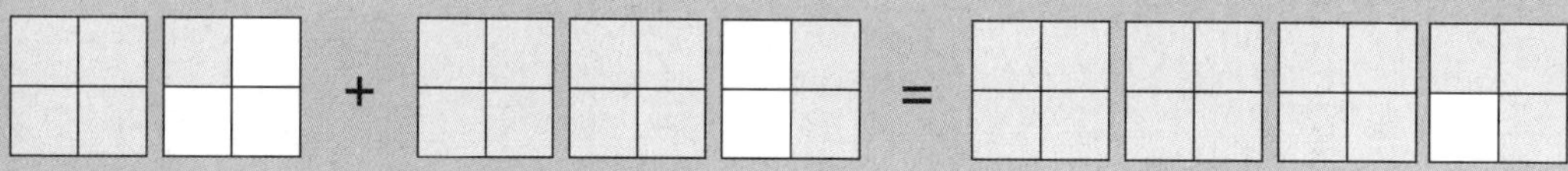

$1\frac{1}{4} + 2\frac{2}{4} = 3\frac{3}{4}$

Gemischte Zahlen werden addiert, indem man ganze Zahl mit ganzer Zahl addiert und Bruch mit Bruch addiert.

❶ Löse die Aufgabe. Färbe die Bruchteile.

a)
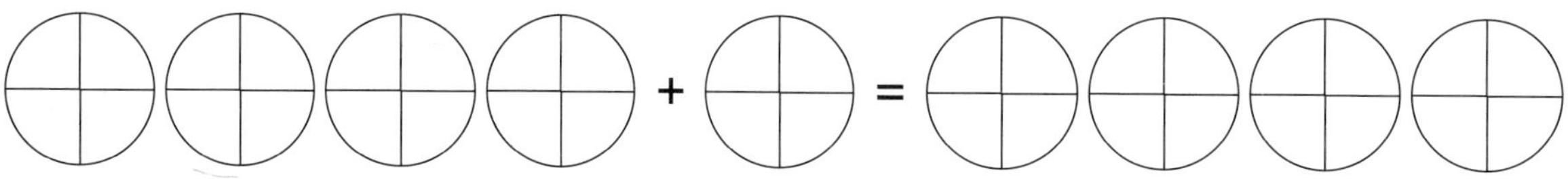

$3\frac{1}{4} + \frac{2}{4} =$

b)
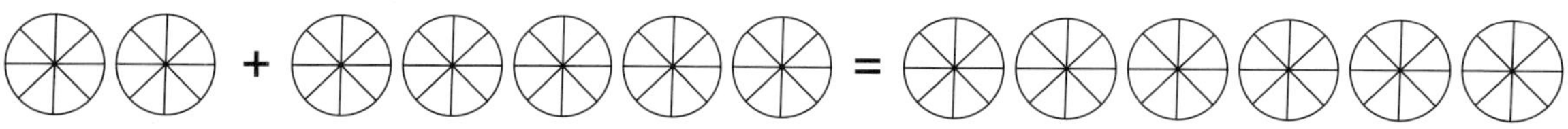

$1\frac{3}{8} + 4\frac{2}{8} =$

c)
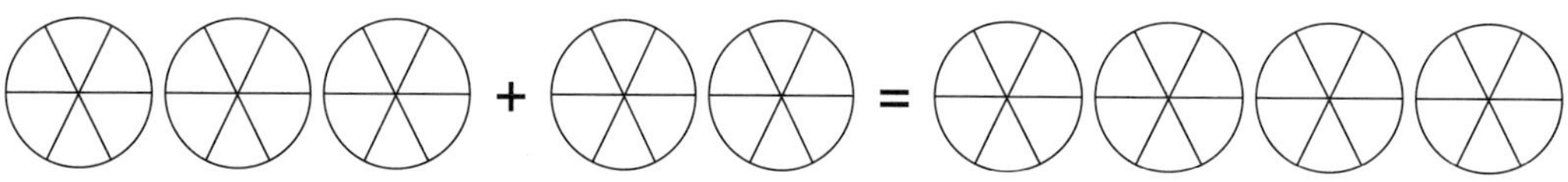

$2\frac{2}{6} + 1\frac{3}{6} =$

❷ Bilde Aufgaben und berechne ihr Ergebnis.

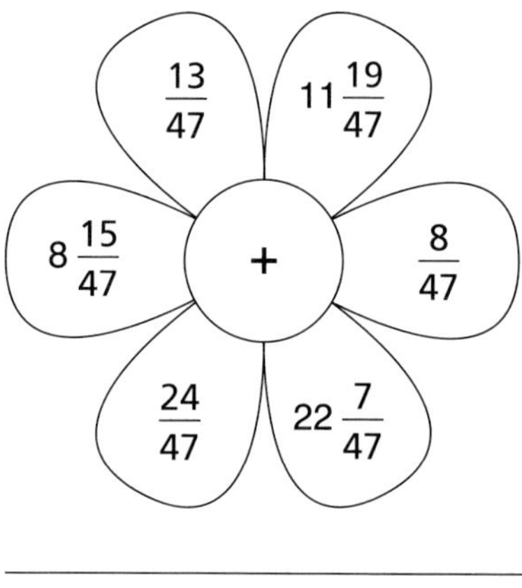

a) $\frac{13}{47} + 11\frac{19}{47} = 11\frac{32}{47}$

b) ______

c) ______

d) ______

e) ______

f) ______

K. Becker/E. Iaccarino: Bruchrechnung in kleinen Schritten – Band 2

Brüche mit ungleichen Nennern addieren 1

$\frac{2}{3}+\frac{1}{2}$

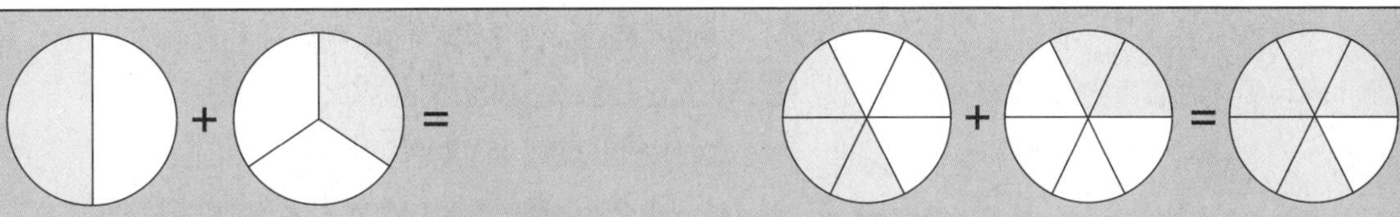

$$\frac{1}{2} + \frac{1}{3} = \frac{1 \cdot 3}{2 \cdot 3} + \frac{1 \cdot 2}{3 \cdot 2} = \frac{3}{6} + \frac{2}{6} = \frac{5}{6}$$

Bei der Addition von Brüchen mit verschiedenen Nennern muss man vor dem Addieren die Brüche auf den gleichen Nenner erweitern. Dieser heißt **Hauptnenner**. Um den Hauptnenner zu finden, sucht man in der Einmaleinsreihe *des größeren Nenners* die erste Zahl, die durch den kleineren Nenner teilbar ist.

$\frac{1}{2} + \frac{1}{3}$

2 ↓ kleinerer Nenner; 3 ↓ größerer Nenner

3er-Reihe: $1 \cdot 3 = 3$
$2 \cdot 3 = \boxed{6}$ → 6 ist durch 2 teilbar
$3 \cdot 3 =$
$4 \cdot 3 =$
⋮

❶ Bestimme den Hauptnenner.

a) $\frac{}{3}$ und $\frac{}{6} = \frac{}{6}$ $\frac{}{4}$ und $\frac{}{8} =$ ___ $\frac{}{5}$ und $\frac{}{15} =$ ___

b) $\frac{}{6}$ und $\frac{}{12} =$ ___ $\frac{}{3}$ und $\frac{}{18} =$ ___ $\frac{}{7}$ und $\frac{}{28} =$ ___

c) $\frac{}{3}$ und $\frac{}{4} =$ ___ $\frac{}{3}$ und $\frac{}{5} =$ ___ $\frac{}{4}$ und $\frac{}{5} =$ ___

❷ Erweitere zuerst auf den Hauptnenner. Addiere dann die Brüche.

a) $\frac{1}{2} + \frac{1}{4} = \frac{1 \cdot 2}{2 \cdot 2} + \frac{1}{4} = \frac{2}{4} + \frac{1}{4} =$

b) $\frac{2}{3} + \frac{2}{9} = \frac{2 \cdot \square}{3 \cdot \square} + \frac{\square}{\square} = \frac{}{} + \frac{}{} =$

c) $\frac{2}{5} + \frac{9}{25} =$

d) $\frac{3}{7} + \frac{11}{28} =$

e) $\frac{1}{3} + \frac{2}{4} =$

f) $\frac{2}{5} + \frac{1}{6} =$

29 Brüche mit ungleichen Nennern addieren 2

$\frac{2}{3}+\frac{1}{2}$

❶ Löse die Aufgabe. Denk daran, dass du die Brüche zuerst auf den Hauptnenner erweitern musst!

a) $\frac{3}{5} + \frac{1}{3} = \frac{\quad}{\quad} + \frac{\quad}{\quad} = \frac{\quad}{\quad} + \frac{\quad}{\quad} =$

b) $\frac{5}{24} + \frac{2}{4} =$

c) $\frac{3}{4} + \frac{5}{6} =$

d) $\frac{1}{2} + \frac{1}{6} + \frac{1}{4} =$

❷ Setze richtig ein: Hauptnenner – gleichen – erweitert – verschiedenen.

Brüche mit ______________ Nennern müssen vor dem Addieren ______________ werden, damit die Brüche den ______________ Nenner haben. Diesen nennt man ______________.

❸ Auf Susannes Geburtstagsparty gibt es für alle Kinder eine Familienpizza zu essen. Peter isst die halbe Pizza, Susanne schafft nur ein Drittel. Anne isst nur ein Neuntel, da sie vorher so viele Süßigkeiten genascht hat. Wie viel Pizza wurde insgesamt gegessen?

Rechnung: ______________________________

Antwort: ______________________________

❹ Löse die Aufgabe und kürze das Ergebnis, wenn möglich. Du kannst dabei schrittweise vorgehen.

a) $\frac{1}{3} + \frac{1}{2} =$

$\frac{2}{4} + \frac{3}{9} =$

$\frac{1}{7} + \frac{3}{4} =$

b) $\frac{2}{6} + \frac{3}{10} =$

$\frac{1}{3} + \frac{7}{11} =$

$\frac{2}{5} + \frac{2}{6} =$

Brüche mit ungleichen Nennern addieren 3

$\frac{2}{3}+\frac{1}{2}$

❶ Löse die Aufgaben.

$\frac{1}{5} + \boxed{\frac{2}{9} \quad \frac{3}{10} \quad \frac{1}{2} \quad \frac{3}{4}}$

a) ______________________

b) ______________________

c) ______________________

d) ______________________

❷ Wurde hier richtig gerechnet? Überprüfe und korrigiere, wenn nötig.

Aufgabe	richtige Lösung	Aufgabe	richtige Lösung
$\frac{2}{3}+\frac{1}{2}=2\frac{1}{6}$		$\frac{5}{8}+\frac{2}{5}=1\frac{1}{40}$	
$\frac{2}{8}+\frac{5}{12}=\frac{16}{21}$		$\frac{5}{6}+\frac{2}{7}=4\frac{5}{42}$	
$\frac{3}{4}+\frac{5}{6}=1\frac{7}{12}$		$\frac{1}{3}+\frac{4}{7}=\frac{19}{25}$	
$\frac{4}{15}+\frac{2}{5}+\frac{3}{10}=\frac{27}{29}$		$\frac{4}{9}+\frac{1}{2}+\frac{1}{18}=1$	

❸ Löse die Aufgaben.
Schreibe die Ergebnisse auch in gemischter Schreibweise.

a) $\frac{1}{2}+\frac{2}{3}+\frac{3}{8}=$

$\frac{7}{10}+\frac{4}{7}=$

$\frac{23}{36}+\frac{3}{8}=$

$\frac{5}{4}+\frac{4}{11}=$

b) $\frac{2}{3}+\frac{11}{12}=$

$\frac{7}{9}+\frac{2}{5}=$

$\frac{3}{4}+\frac{4}{5}+\frac{1}{2}=$

$\frac{7}{10}+\frac{10}{15}=$

Brüche mit ungleichen Nennern addieren 4

$\frac{2}{3}+\frac{1}{2}$

Wir rechnen: „Zahl + Zahl“ und „Bruch + Bruch“.

Achtung: Brüche vor dem Addieren auf den Hauptnenner erweitern!

$$2\frac{1}{4} + 4\frac{2}{6} = 2\frac{1 \cdot 3}{4 \cdot 3} + 4\frac{2 \cdot 2}{6 \cdot 2} = 2\frac{3}{12} + 4\frac{4}{12} = 6\frac{7}{12}$$

1 Löse die Aufgabe. Erweitere zuerst auf den Hauptnenner.

a) $2\frac{2}{3} + 9\frac{1}{4} = 2\frac{2 \cdot 4}{3 \cdot 4} + 9\frac{1 \cdot 3}{4 \cdot 3} = 2\frac{\square}{\square} + \square\frac{\square}{\square} =$

b) $17\frac{2}{9} + 8\frac{3}{5} =$

c) $46\frac{3}{8} + \frac{4}{7} =$

d) $11\frac{1}{2} + 5\frac{9}{13} =$

2 Julia mixt für sich und ihre Freunde eine Fruchtbowle. Dazu nimmt sie $2\frac{1}{4}$ l Orangenlimonade, $1\frac{1}{8}$ l Mangosaft und $2\frac{1}{2}$ l Traubensaft.

Frage: ______________________

Rechnung: ______________________

Antwort: ______________________

3 Berechne das Ergebnis. Schreibe als gemischte Zahl, wenn möglich.

a) $5\frac{3}{4} + 10\frac{1}{6} =$

$\frac{2}{3} + \frac{7}{9} =$

$\frac{14}{21} + \frac{1}{7} + \frac{2}{3} =$

$4\frac{3}{6} + \frac{1}{3} + \frac{3}{5} =$

b) $\frac{5}{7} + \frac{2}{4} =$

$\frac{8}{9} + \frac{5}{6} =$

$\frac{7}{8} + \frac{7}{16} =$

$9\frac{5}{66} + \frac{2}{11} =$

Vermischte Übungen 1

1 Berechne das Ergebnis. Färbe die Bruchteile ein.

a) 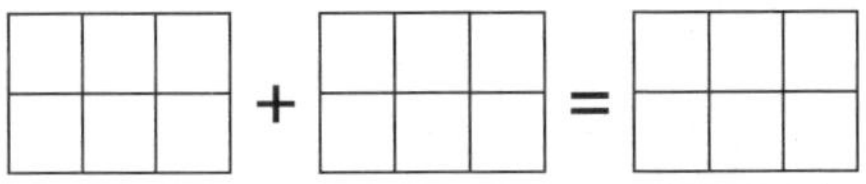

$\frac{2}{6} + \frac{3}{6} = \frac{\square}{\square}$

b) 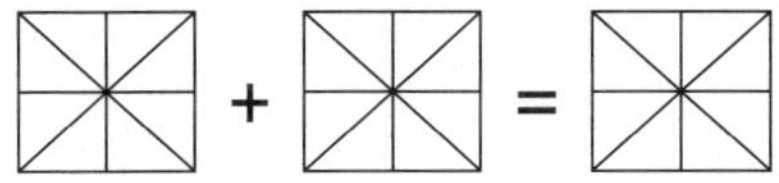

$\frac{3}{8} + \frac{4}{8} = \frac{\square}{\square}$

c) 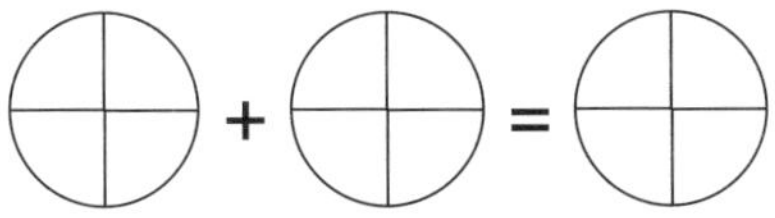

$\frac{1}{4} + \frac{2}{4} = \frac{\square}{\square}$

d) 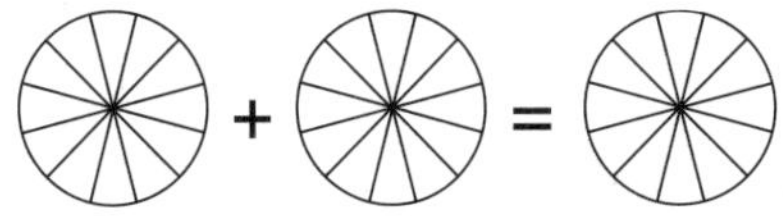

$\frac{5}{12} + \frac{7}{12} = \frac{\square}{\square} = \square$

e) 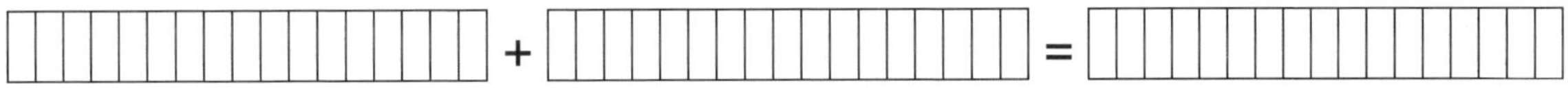

$\frac{9}{17} + \frac{6}{17} = \frac{\square}{\square}$

2 Vervollständige die Aufgabe. Gibt die Bruchteile an und färbe sie ein.

a) 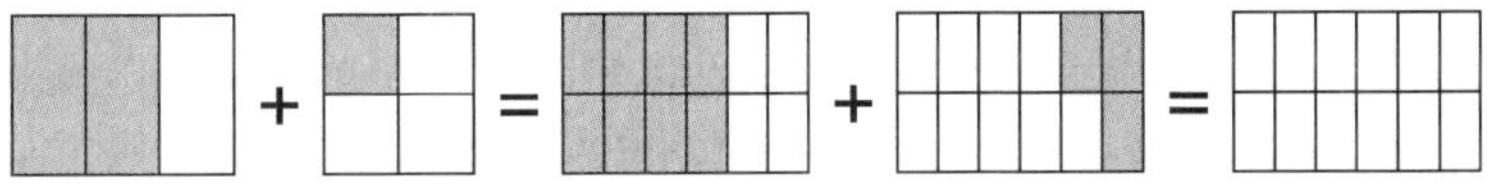

$\frac{\square}{\square} + \frac{\square}{\square} = \frac{\square}{\square} + \frac{\square}{\square} = \frac{\square}{\square}$

b) 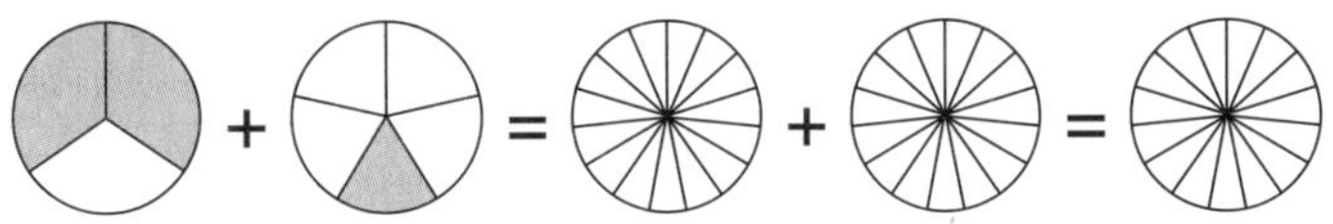

$\frac{\square}{\square} + \frac{\square}{\square} = \frac{\square}{\square} + \frac{\square}{\square} = \frac{\square}{\square}$

c) 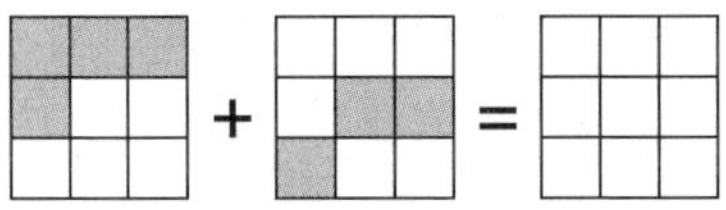

$\frac{\square}{\square} + \frac{\square}{\square} = \frac{\square}{\square}$

3 Erweitere die Brüche zuerst auf den Hauptnenner. Löse dann die Aufgabe.

a) $\frac{1}{2} + \frac{1}{6} = \frac{1 \cdot \square}{2 \cdot \square} + \frac{1}{6} = \frac{}{} + \frac{}{} = \frac{}{} = \frac{}{}$

b) $\frac{3}{5} + \frac{2}{10} = \frac{3 \cdot \square}{5 \cdot \square} + \frac{2}{10} = \frac{}{} + \frac{}{} = \frac{}{} = \frac{}{}$

c) $\frac{4}{20} + \frac{3}{4} = \frac{4}{20} + \frac{3 \cdot 5}{4 \cdot 5} = \frac{4}{20} + \frac{}{} = \frac{}{}$

d) $\frac{10}{33} + \frac{9}{33} =$

e) $\frac{1}{2} + \frac{1}{3} + \frac{1}{6} =$

33 Vermischte Übungen 2

$\frac{2}{3} + \frac{1}{2}$

1 Setze richtig ein: Hauptnenner – ungleichen – gleichen – Zähler.

Bei Brüchen mit ________________ Nennern werden nur die ________________ addiert und der Nenner bleibt gleich. Bei Brüchen mit ________________ Nennern erweitert man zuerst auf den ________________ und addiert anschließend die ________________.

2 Kürze das Ergebnis und schreibe es auch in gemischter Schreibweise auf.

a)

$\frac{5}{6} + \frac{5}{6} =$

$9\frac{4}{7} + 9\frac{8}{21} =$

$\frac{1}{15} + \frac{7}{10} + \frac{2}{3} =$

$\frac{7}{12} + \frac{5}{12} =$

b)

$\frac{6}{13} + \frac{5}{26} =$

$11\frac{27}{50} + 7\frac{8}{50} =$

$21\frac{3}{8} + \frac{3}{5} =$

$\frac{7}{12} + \frac{1}{3} + \frac{3}{4} =$

3 Paulas Eltern wollen ihr Zimmer streichen. Dazu kaufen sie $5\frac{1}{5}$ l gelbe Farbe und $\frac{2}{15}$ l blaue Farbe. Sie nehmen auch noch $4\frac{1}{5}$ l braune Farbe.

Frage: ________________

Rechnung: ________________

Antwort: ________________

4 Setze die fehlenden Zahlen ein.

$\frac{7}{10} \xrightarrow{+\frac{2}{5}} \frac{\square}{\square} \xrightarrow{+\frac{3}{20}} \frac{\square}{\square}$

$\downarrow +\frac{1}{5}$

$\square = \frac{\square}{\square} = \frac{40}{20} \xleftarrow{+\frac{11}{20}} \frac{\square}{\square}$

Vermischte Übungen 3

Beispiel: $\frac{4}{9}+\frac{2}{6}=\frac{4\cdot 2}{9\cdot 2}+\frac{2\cdot 3}{6\cdot 3}=\frac{8}{18}+\frac{6}{18}=\frac{14}{18}=\frac{7}{9}$

ABER: Ihr könnt auch einfacher rechnen, indem ihr **vor** dem Addieren kürzt.

$\frac{2:2}{6:2}=\frac{1}{3}$

$\frac{4}{9}+\frac{1}{3}=\frac{4}{9}+\frac{1\cdot 3}{3\cdot 3}=\frac{4}{9}+\frac{3}{9}=\frac{7}{9}$

Manchmal können Brüche **vor** dem Addieren gekürzt werden. Damit ersparst du dir das Rechnen mit großen Zahlen und längeren Rechenwegen. Achte also auf Kürzungsmöglichkeiten vor dem Addieren.

1 Löse die Aufgabe. Achte auf Kürzungsmöglichkeiten vor dem Addieren.

a)

$\frac{3}{6}+\frac{3}{4}=$

$\frac{7}{10}+\frac{5}{25}=$

$12\frac{9}{23}+\frac{8}{23}=$

$\frac{5}{14}+\frac{1}{4}=$

$17\frac{7}{15}+23\frac{2}{15}=$

b)

$\frac{2}{16}+9\frac{7}{24}=$

$5\frac{35}{49}+19\frac{12}{49}=$

$\frac{3}{12}+\frac{8}{32}=$

$23\frac{4}{15}+7\frac{3}{5}=$

$\frac{7}{8}+\frac{2}{7}=$

2 Ordne die Ergebnisse aus jeder Zeile der Größe nach. Beginne mit dem kleinsten Bruch.

a) $1\frac{1}{3}+\frac{3}{15}=$ $\quad\frac{7}{15}+\frac{4}{15}=$ $\quad\frac{2}{3}+2\frac{2}{15}=$ $\quad\frac{3}{5}+\frac{4}{15}=$

b) $\frac{2}{5}+\frac{3}{4}=$ $\quad 2\frac{7}{20}+1\frac{9}{20}=$ $\quad\frac{1}{4}+1\frac{11}{20}=$ $\quad\frac{4}{5}+\frac{1}{4}=$

Brüche mit gleichen Nennern subtrahieren 1

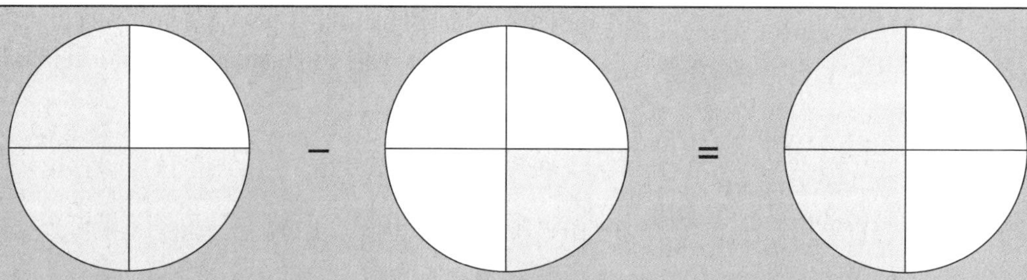

$$\frac{3}{4} - \frac{1}{4} = \frac{2}{4}$$

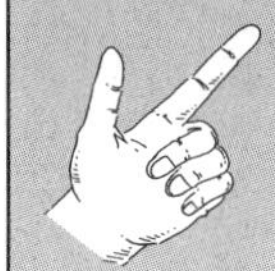

Bei der Subtraktion von Brüchen mit gleichen Nennern werden die Zähler subtrahiert. Der Nenner bleibt gleich. Die Subtraktion funktioniert also genauso wie die Addition.

1 Gib das Ergebnis an und färbe die entsprechenden Bruchteile.

a) 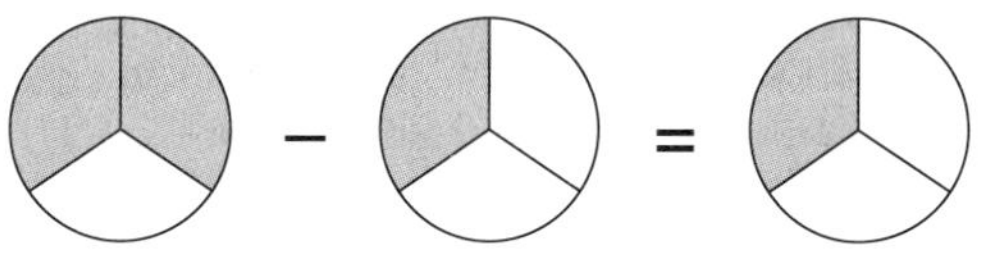

$\frac{2}{3} - \frac{1}{3} = \frac{\square}{\square}$

b) 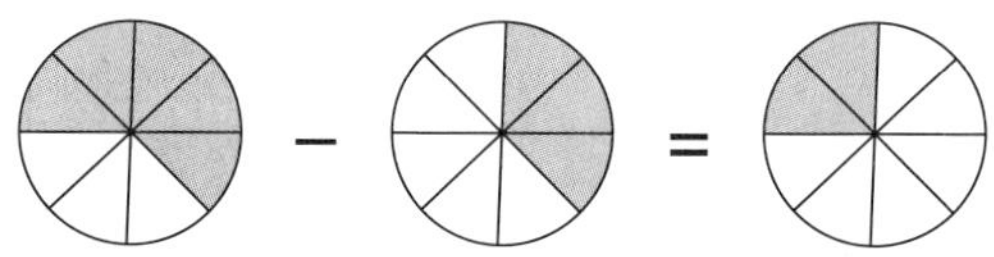

$\frac{5}{8} - \frac{3}{8} = \frac{\square}{\square}$

c) 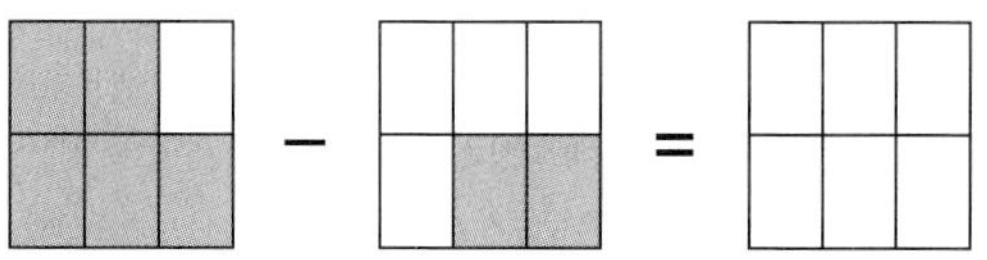

$\frac{5}{6} - \frac{2}{6} = \frac{\square}{\square}$

d) 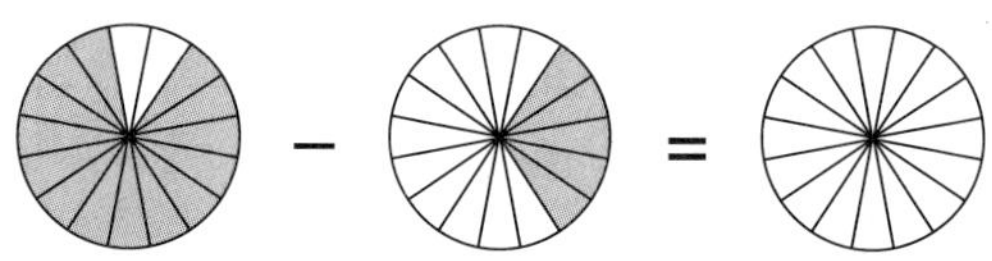

$\frac{14}{16} - \frac{5}{16} = \frac{\square}{\square}$

e) 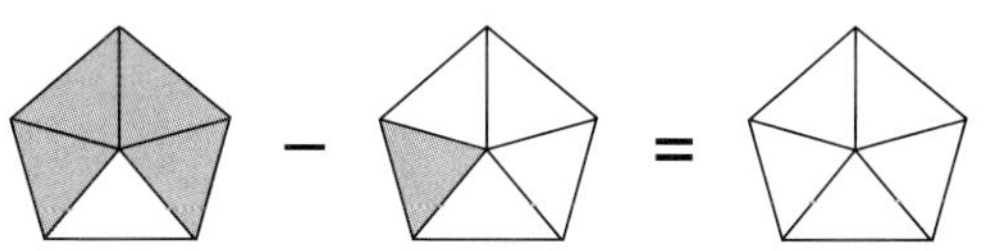

$\frac{4}{5} - \frac{1}{5} = \frac{\square}{\square}$

f) 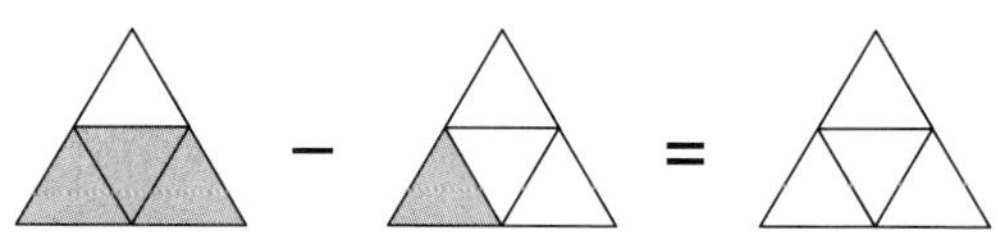

$\frac{3}{4} - \frac{1}{4} = \frac{\square}{\square}$

g) 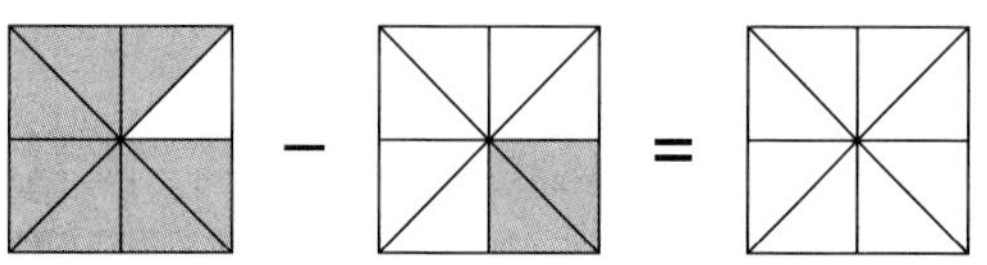

$\frac{7}{8} - \frac{2}{8} = \frac{\square}{\square}$

h) 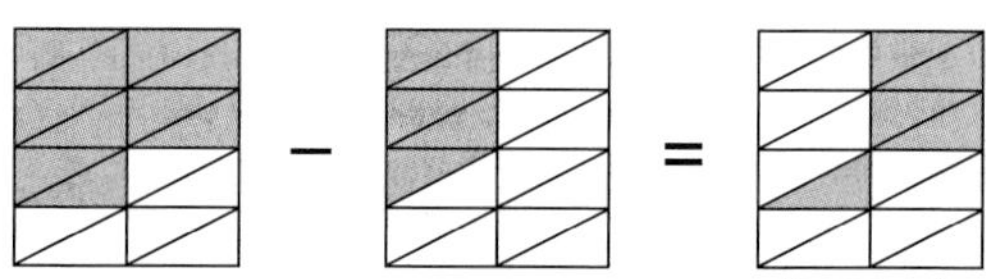

$\frac{10}{16} - \frac{5}{16} = \frac{\square}{\square}$

Brüche mit gleichen Nennern subtrahieren 2

$\frac{3}{4}-\frac{1}{2}$

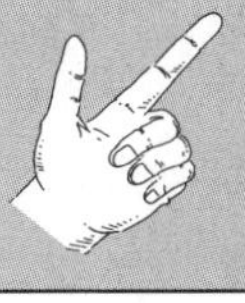

Bei der Subtraktion von Brüchen mit gleichen Nennern werden die Zähler subtrahiert. Der Nenner bleibt gleich.

❶ Vervollständige die Aufgabe: Gib die gefärbten Bruchteile an. Färbe die Bruchteile.

a)

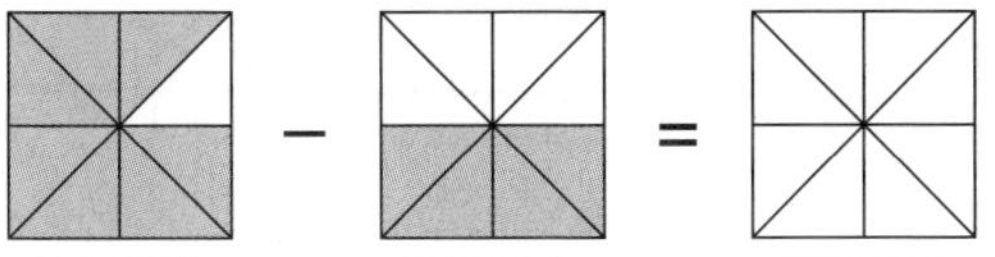

$\frac{\square}{\square} - \frac{\square}{\square} = \frac{\square}{\square}$

b)

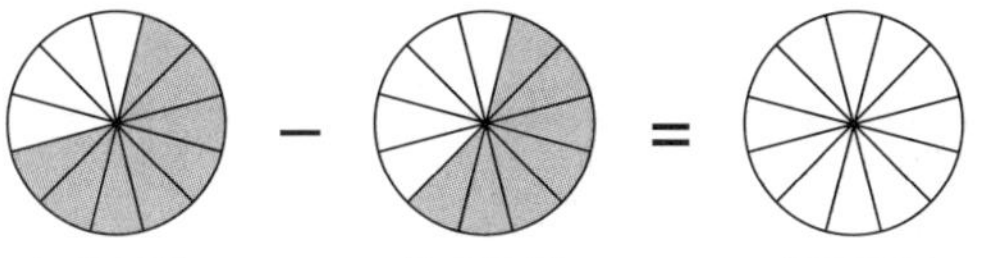

$\frac{\square}{\square} - \frac{\square}{\square} = \frac{\square}{\square}$

c)

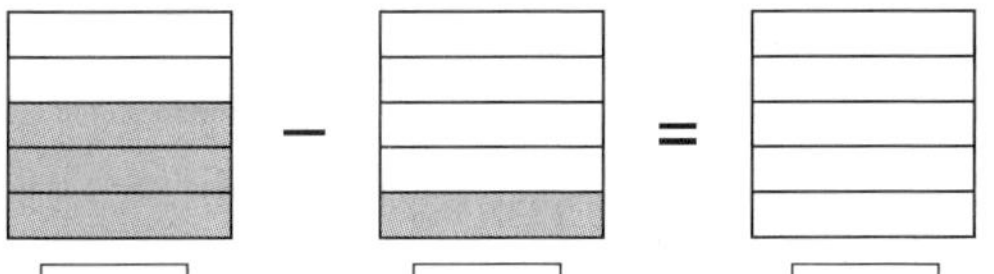

$\frac{\square}{\square} - \frac{\square}{\square} = \frac{\square}{\square}$

d)

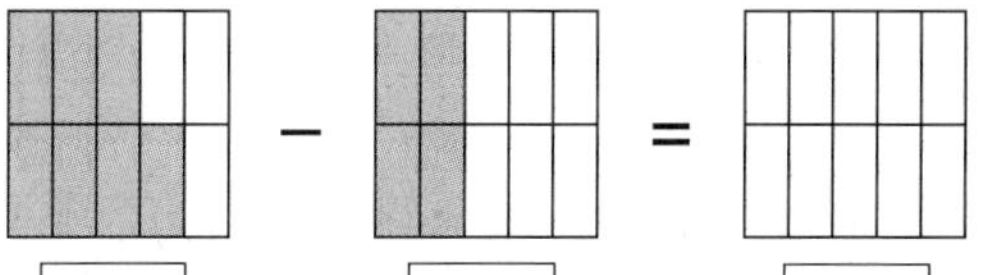

$\frac{\square}{\square} - \frac{\square}{\square} = \frac{\square}{\square}$

❷ Berechne das Ergebnis.

a) $\frac{4}{5} - \frac{1}{5} = \frac{}{5}$

$\frac{5}{7} - \frac{2}{7} = \frac{}{7}$

$\frac{8}{9} - \frac{5}{9} = \frac{}{9}$

b) $\frac{2}{3} - \frac{1}{3} =$

$\frac{5}{6} - \frac{2}{6} =$

$\frac{9}{12} - \frac{3}{12} =$

c) $\frac{7}{8} - \frac{3}{8} =$

$\frac{12}{19} - \frac{9}{19} =$

$\frac{45}{57} - \frac{23}{57} =$

d) $\frac{7}{16} - \frac{2}{16} =$

$\frac{8}{9} - \frac{6}{9} =$

$\frac{13}{28} - \frac{5}{28} =$

❸ Von $\frac{7}{8}$ Kuchen wird nur $\frac{4}{8}$ gegessen. Es bleibt also $\frac{\square}{\square}$ Kuchen übrig.

Rechnung: ______________________________

Brüche mit gleichen Nennern subtrahieren 3

1 Löse die Aufgaben und kürze das Ergebnis, wenn möglich.

a)
$\frac{17}{18} - \frac{14}{18} =$

$\frac{56}{65} - \frac{14}{65} =$

$\frac{9}{13} - \frac{7}{13} =$

$\frac{19}{37} - \frac{9}{37} - \frac{6}{37} =$

b)
$\frac{65}{50} - \frac{15}{50} =$

$\frac{23}{25} - \frac{13}{25} =$

$\frac{16}{19} - \frac{7}{19} - \frac{2}{19} =$

$\frac{78}{80} - \frac{38}{80} =$

c)
$\frac{11}{12} - \frac{3}{12} - \frac{1}{12} =$

$\frac{29}{49} - \frac{15}{49} =$

$\frac{33}{55} - \frac{4}{55} - \frac{4}{55} =$

$\frac{17}{64} - \frac{1}{64} =$

2 Kai soll jeden Morgen $\frac{2}{4}$ l Milch trinken. Er schafft aber meist nur $\frac{1}{4}$ l Milch. Wie viele Liter verbleiben im Glas?

Rechnung: ______________________________

Antwort: ______________________________

3 Setze die fehlenden Zahlen ein, sodass die Rechnung stimmt.

a) $\frac{12}{20} - \frac{7}{20} = \frac{\square}{20}$

b) $\frac{6}{8} - \frac{\square}{8} = \frac{4}{8}$

c) $\frac{14}{25} - \frac{4}{\square} = \frac{\square}{25}$

d) $\frac{8}{13} - \frac{\square}{13} = \frac{3}{13}$

e) $\frac{18}{23} - \frac{\square}{\square} = \frac{3}{\square}$

f) $\frac{\square}{17} - \frac{6}{\square} = \frac{3}{\square}$

4 Löse die Aufgaben.
Schreibe die Ergebnisse auch in gemischter Schreibweise.

a)

$\frac{6}{4} - \frac{1}{4} = \frac{\square}{\square} = \square\,\frac{\square}{\square}$

$\frac{15}{7} - \frac{3}{7} = \frac{\square}{\square} = \square\,\frac{\square}{\square}$

$\frac{26}{9} - \frac{7}{9} = \frac{\square}{\square} = \square\,\frac{\square}{\square}$

b)

$\frac{18}{3} - \frac{4}{3} - \frac{2}{3} = \frac{\square}{\square} = \square$

$\frac{17}{12} - \frac{4}{12} = \frac{\square}{\square} = \square\,\frac{\square}{\square}$

$\frac{41}{39} - \frac{1}{39} = \frac{\square}{\square} = \square\,\frac{\square}{\square}$

c)

$\frac{58}{21} - \frac{12}{21} = \frac{\square}{\square} = \square\,\frac{\square}{\square}$

$\frac{64}{13} - \frac{30}{13} - \frac{8}{13} = \frac{\square}{\square} = \square$

$\frac{49}{8} - \frac{15}{8} = \frac{\square}{\square} = \square\,\frac{\square}{\square}$

K. Becker/E. Iaccarino: Bruchrechnung in kleinen Schritten – Band 2

Brüche mit gleichen Nennern subtrahieren 4

$\frac{3}{4} - \frac{1}{2}$

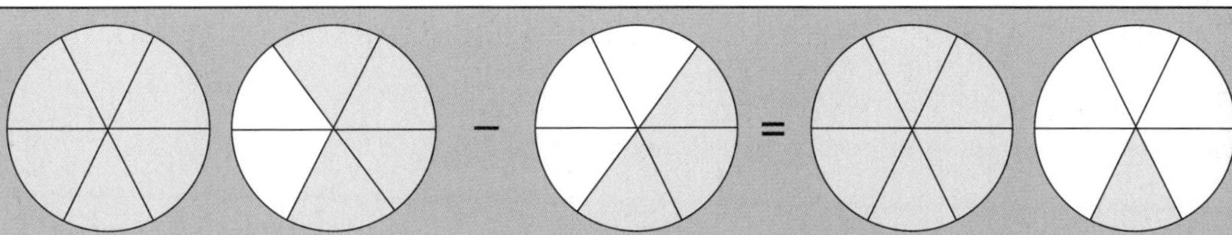

$1\frac{4}{6} - \frac{3}{6} = 1\frac{1}{6}$

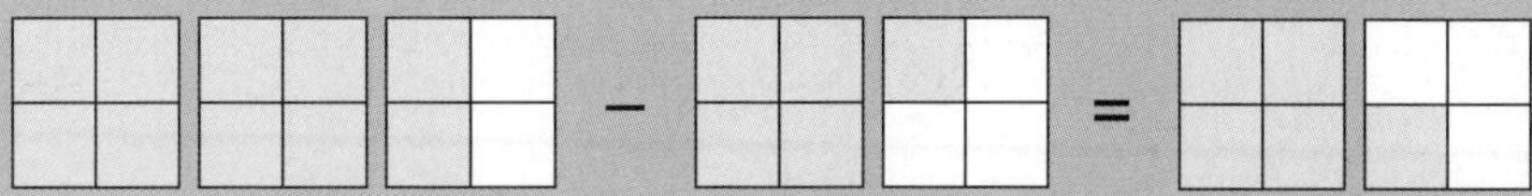

$2\frac{2}{4} - 1\frac{1}{4} = 1\frac{1}{4}$

Gemischte Zahlen werden subtrahiert, indem man ganze Zahl mit ganzer Zahl subtrahiert und Bruch mit Bruch subtrahiert.

1 Löse die Aufgaben. Färbe die Bruchteile ein.

a)

$2\frac{5}{6} - 1\frac{3}{6} =$

b)

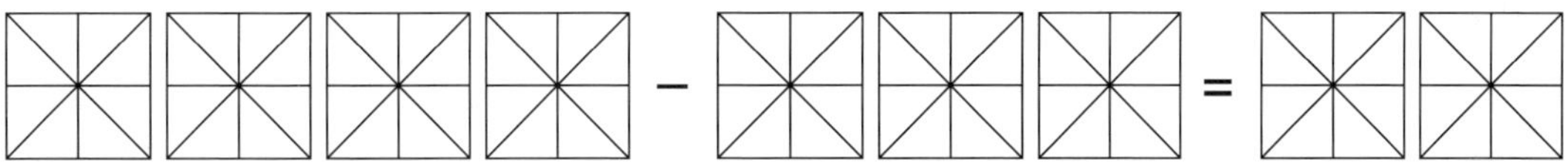

$3\frac{4}{8} - 2\frac{3}{8} =$

2 Löse die Aufgaben und kürze das Ergebnis, wenn möglich.

a) $3\frac{2}{3} - 1\frac{1}{3} =$

$\frac{18}{21} - \frac{8}{21} - \frac{3}{21} =$

b) $4\frac{8}{11} - 2\frac{4}{11} =$

$5\frac{7}{8} - \frac{6}{8} =$

c) $3\frac{9}{13} - \frac{4}{13} - \frac{5}{13} =$

$\frac{23}{36} - \frac{5}{36} - \frac{6}{36} =$

3 Frau Klein kocht Marmelade ein. Sie hat $3\frac{3}{4}$ kg Zucker zu Hause. Zum Einkochen braucht sie $2\frac{1}{4}$ kg Zucker. Reicht die Menge an Zucker, die übrig bleibt, noch aus, um einen Schokokuchen zu backen? Dafür braucht sie 1 kg Zucker.

Rechnung: ______________________________

Antwort: ______________________________

Brüche mit ungleichen Nennern subtrahieren 1

$\frac{3}{4} - \frac{1}{2}$

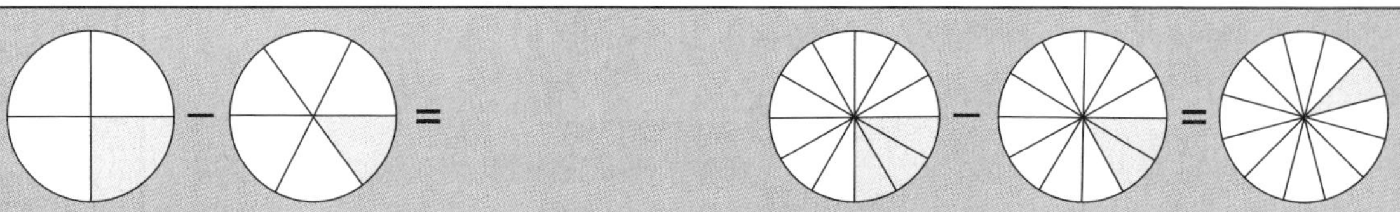

$$\frac{1}{4} - \frac{1}{6} = \frac{1 \cdot 3}{4 \cdot 3} - \frac{1 \cdot 2}{6 \cdot 2} = \frac{3}{12} - \frac{2}{12} = \frac{1}{12}$$

Bei der Subtraktion von Brüchen mit verschiedenen Nennern muss man die Brüche auf den Hauptnenner erweitern.

1 Löse die Aufgaben. Erweitere zuerst auf den Hauptnenner.

a) $\frac{2}{3} - \frac{1}{2} = \frac{2 \cdot \square}{3 \cdot \square} - \frac{1 \cdot \square}{2 \cdot \square} = \frac{\square}{\square} - \frac{\square}{\square} = \frac{\square}{\square}$

b) $\frac{5}{6} - \frac{2}{3} = \frac{5 \cdot \square}{6 \cdot \square} - \frac{2 \cdot \square}{3 \cdot \square} = \frac{\square}{\square} - \frac{\square}{\square} = \frac{\square}{\square}$

c) $\frac{4}{5} - \frac{3}{10} = \frac{4 \cdot \square}{5 \cdot \square} - \frac{3 \cdot \square}{10 \cdot \square} = \frac{\square}{\square} - \frac{\square}{\square} = \frac{\square}{\square} = \frac{\square}{\square}$

d) $\frac{6}{7} - \frac{1}{2} = \frac{6 \cdot \square}{7 \cdot \square} - \frac{1 \cdot \square}{2 \cdot \square} = \frac{\square}{\square} - \frac{\square}{\square} = \frac{\square}{\square}$

e) $\frac{7}{4} - \frac{4}{5} = \frac{7 \cdot \square}{4 \cdot \square} - \frac{4 \cdot \square}{5 \cdot \square} = \frac{\square}{\square} - \frac{\square}{\square} = \frac{\square}{\square}$

2 Berechne.

a) $\frac{7}{9} - \frac{1}{3} =$

$\frac{3}{4} - \frac{1}{6} =$

$\frac{5}{8} - \frac{1}{2} =$

b) $\frac{13}{10} - \frac{4}{5} =$

$\frac{11}{8} - \frac{4}{5} =$

$\frac{5}{6} - \frac{2}{9} =$

Brüche mit ungleichen Nennern subtrahieren 2

$\frac{3}{4} - \frac{1}{2}$

❶ Ein Nutellaglas ist noch halb voll. Paul und seine Schwester verbrauchen jeden Morgen beim Frühstück $\frac{1}{6}$ davon.

Frage: ______________________

Rechnung: ______________________

Antwort: ______________________

❷ Löse die Aufgaben.

a) $\frac{5}{6} -$ | $\frac{1}{2}$ | $\frac{2}{3}$ | $\frac{4}{12}$ |

b) $\frac{7}{4} -$ | $\frac{3}{5}$ | $\frac{5}{6}$ | $\frac{3}{10}$ |

❸ Löse die Aufgaben und kürze das Ergebnis, wenn möglich.

a) $\frac{5}{6} - \frac{1}{2} =$

$\frac{2}{3} - \frac{1}{4} =$

$\frac{5}{18} - \frac{1}{6} =$

b) $\frac{3}{4} - \frac{7}{10} =$

$\frac{4}{5} - \frac{5}{25} =$

$\frac{3}{2} - \frac{7}{9} =$

❹ In einer Flasche befinden sich $\frac{2}{3}$ l Apfelsaft. Flo schenkt sich daraus ein Glas ein. In ein Glas passen $\frac{1}{4}$ l. Reicht der Flascheninhalt jetzt noch aus, damit auch Marie ein Glas Saft trinken kann?

Rechnung: ______________________

Antwort: ______________________

41 Brüche mit ungleichen Nennern subtrahieren 3

$\frac{3}{4} - \frac{1}{2}$

1 Wurde hier richtig gerechnet? Überprüfe die Ergebnisse und korrigiere, wenn nötig.

a) $\frac{11}{3} - \frac{7}{2} = \frac{5}{6}$

$\frac{3}{4} - \frac{1}{6} = \frac{7}{12}$

$\frac{7}{8} - \frac{1}{4} = \frac{6}{8}$

b) $\frac{9}{10} - \frac{1}{2} = \frac{4}{2}$

$\frac{7}{10} - \frac{1}{4} = \frac{9}{30}$

$\frac{5}{9} - \frac{1}{2} = \frac{1}{18}$

c) $\frac{1}{3} - \frac{1}{8} = \frac{5}{24}$

$\frac{3}{4} - \frac{2}{9} = \frac{19}{36}$

$\frac{5}{6} - \frac{2}{7} = \frac{25}{42}$

2 Frau Schneider hat noch $\frac{7}{6}$ m² Stoff übrig. Sie möchte ihrer Tochter ein T-Shirt daraus machen. Für dieses T-Shirt benötigt sie $\frac{3}{4}$ m² Stoff. Reicht der Stoff aus, um das T-Shirt zu nähen?

Rechnung: ______________________________

Antwort: ______________________________

3 Löse die Aufgaben.

a) $\frac{7}{6} - \frac{1}{2} - \frac{1}{3} =$

b) $\frac{20}{21} - \frac{2}{7} - \frac{1}{3} =$

4 Setze die fehlenden Zahlen ein.

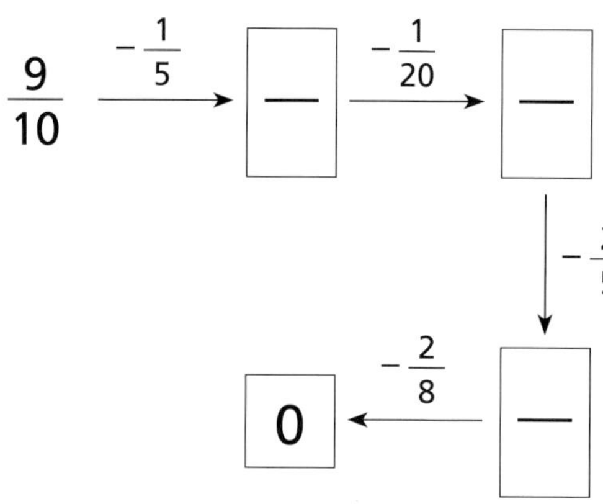

K. Becker/E. Iaccarino: Bruchrechnung in kleinen Schritten – Band 2

Brüche mit ungleichen Nennern subtrahieren 4

$\frac{3}{4} - \frac{1}{2}$

Gemischte Zahlen subtrahieren:
„Zahl – Zahl“ und „Bruch – Bruch“.

Achtung: Die Brüche vor dem Subtrahieren auf den Hautnenner erweitern:

$$2\frac{1}{2} - 1\frac{1}{3} = 2\frac{1 \cdot 3}{2 \cdot 3} - 1\frac{1 \cdot 2}{3 \cdot 2} = 2\frac{3}{6} - 1\frac{2}{6} = 1\frac{1}{6}$$

1 Löse die Aufgaben. Erweitere zuerst auf den Hauptnenner.

a) $3\frac{1}{2} - 2\frac{1}{6} = 3\frac{1 \cdot 3}{2 \cdot 3} - 2\frac{1}{6} = \square\frac{\square}{\square} - \square\frac{\square}{\square} =$

b) $4\frac{1}{2} - 2\frac{5}{8} =$

c) $4\frac{2}{3} - 2\frac{1}{4} =$

d) $6\frac{2}{5} - 3\frac{1}{3} =$

e) $8\frac{1}{8} - 4\frac{7}{12} =$

2 Auf einer Klassenfahrt macht Toms Klasse eine Tageswanderung von $18\frac{4}{5}$ km. Bis zur Mittagspause schaffen sie $10\frac{1}{2}$ km. Tom möchte ausrechnen, wie viele Kilometer sie nach der Mittagspause noch laufen müssen.

Frage: ______________________________

Rechnung: ______________________________

Antwort: ______________________________

3 Frau Groß hat $5\frac{3}{4}$ kg Mehl zu Hause. Zum Plätzchenbacken verwendet sie davon $3\frac{4}{7}$ kg.

Frage: ______________________________

Rechnung: ______________________________

Antwort: ______________________________

Vermischte Übungen 1

1 Berechne das Ergebnis. Färbe die entsprechenden Bruchteile.

a)

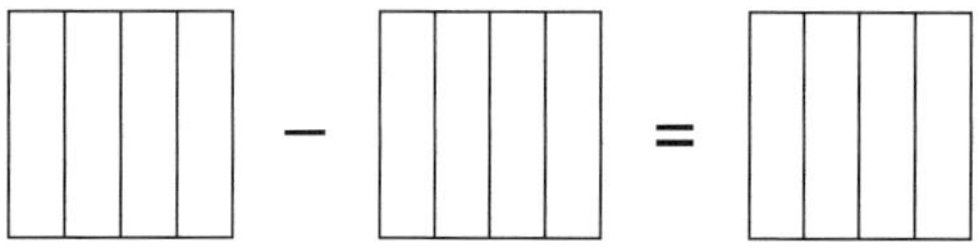

$\frac{3}{4} - \frac{1}{4} = \frac{\quad}{\quad}$

b)

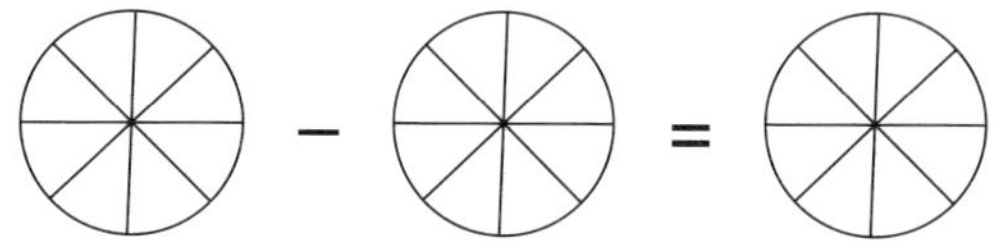

$\frac{7}{8} - \frac{5}{8} = \frac{\quad}{\quad}$

c)

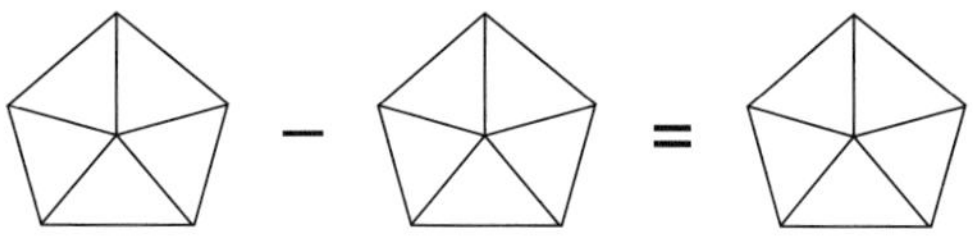

$\frac{4}{5} - \frac{3}{5} = \frac{\quad}{\quad}$

d)

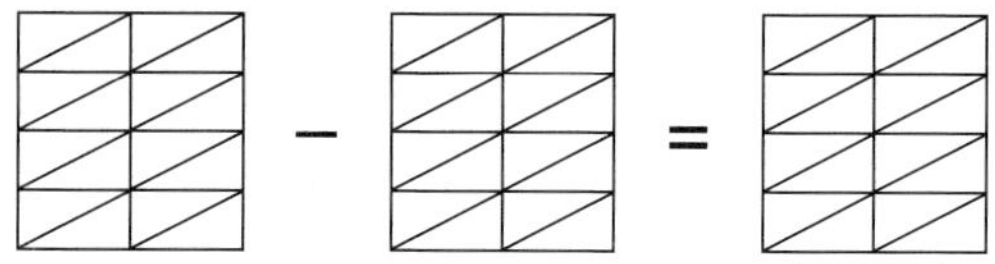

$\frac{14}{16} - \frac{9}{16} = \frac{\quad}{\quad}$

2 Berechne das Ergebnis. Kürze, wenn möglich.

a) $\frac{9}{15} - \frac{7}{15} =$

$\frac{14}{16} - \frac{8}{16} =$

$\frac{8}{8} - \frac{4}{8} =$

b) $\frac{11}{12} - \frac{3}{12} =$

$\frac{37}{45} - \frac{17}{45} =$

$\frac{9}{10} - \frac{7}{10} =$

c) $\frac{15}{27} - \frac{8}{27} =$

$\frac{16}{17} - \frac{9}{17} =$

$\frac{12}{18} - \frac{6}{18} =$

3 Vervollständige die Aufgaben. Gib die Bruchteile an und färbe sie.

a)

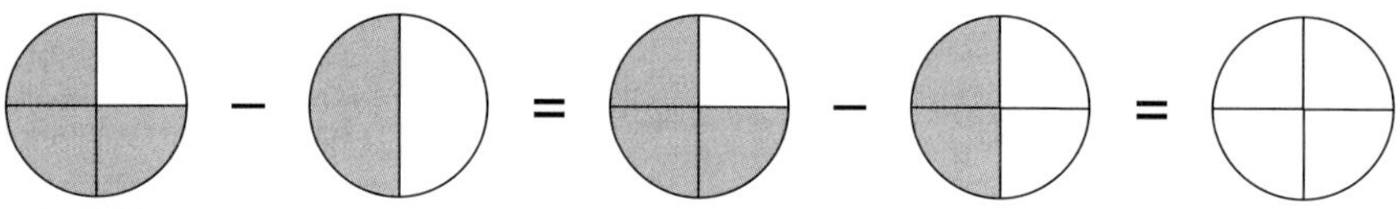

$\frac{\quad}{\quad} - \frac{\quad}{\quad} = \frac{\quad}{\quad} - \frac{\quad}{\quad} = \frac{\quad}{\quad}$

b)

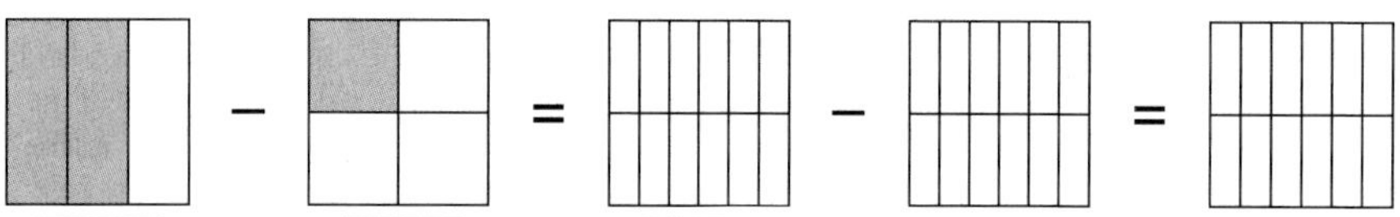

$\frac{\quad}{\quad} - \frac{\quad}{\quad} = \frac{\quad}{\quad} - \frac{\quad}{\quad} = \frac{\quad}{\quad}$

c)

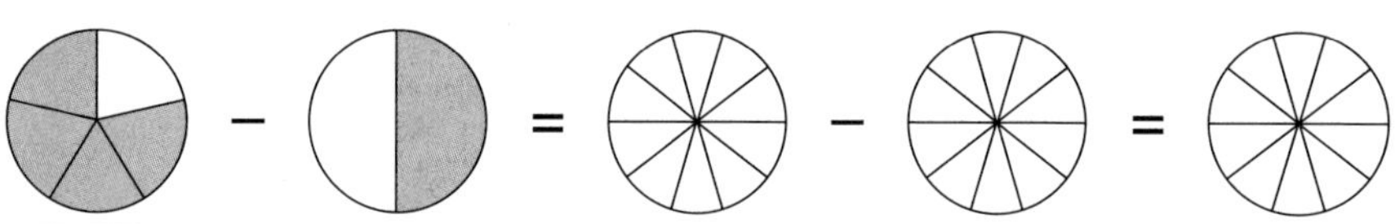

$\frac{\quad}{\quad} - \frac{\quad}{\quad} = \frac{\quad}{\quad} - \frac{\quad}{\quad} = \frac{\quad}{\quad}$

K. Becker/E. Iaccarino: Bruchrechnung in kleinen Schritten – Band 2

Vermischte Übungen 2

1 Erweitere erst auf den Hauptnenner und subtrahiere dann.

a) $\frac{1}{3} - \frac{1}{5} = \frac{1 \cdot \square}{3 \cdot \square} - \frac{1 \cdot \square}{5 \cdot \square} = \frac{\square}{\square} - \frac{\square}{\square} = \frac{\square}{\square}$

b) $\frac{8}{10} - \frac{1}{2} = \frac{8 \cdot \square}{10 \cdot \square} - \frac{1 \cdot \square}{2 \cdot \square} = \frac{\square}{\square} - \frac{\square}{\square} = \frac{\square}{\square}$

c) $\frac{6}{7} - \frac{2}{3} = \frac{6 \cdot \square}{7 \cdot \square} - \frac{2 \cdot \square}{3 \cdot \square} = \frac{\square}{\square} - \frac{\square}{\square} = \frac{\square}{\square}$

d) $\frac{3}{4} - \frac{1}{5} = \frac{3 \cdot \square}{4 \cdot \square} - \frac{1 \cdot \square}{5 \cdot \square} = \frac{\square}{\square} - \frac{\square}{\square} = \frac{\square}{\square}$

2 Setze richtig ein: Hauptnenner – ungleichen – Zähler – gleichen

Bei Brüchen mit ____________________ Nennern erweitert man erst auf den ____________________ und subtrahiert danach die Zähler.

Bei Brüchen mit ____________________ Nennern werden nur die ____________________ subtrahiert und der Nenner bleibt gleich.

3 Berechne das Ergebnis und kürze.

a) $\frac{15}{16} - \frac{7}{16} =$

$\frac{4}{6} - \frac{4}{12} =$

$\frac{7}{18} - \frac{1}{6} =$

$\frac{32}{35} - \frac{27}{35} =$

b) $\frac{3}{2} - \frac{7}{9} =$

$\frac{9}{10} - \frac{2}{3} =$

$\frac{58}{64} - \frac{10}{64} =$

$\frac{6}{7} - \frac{2}{5} =$

Vermischte Übungen 3

$\frac{3}{4}-\frac{1}{2}$

❶ Löse die Aufgaben. Achte auf Kürzungsmöglichkeiten, bevor du subtrahierst.

Beispiel: $\frac{5}{6}-\frac{2}{4}=\frac{5\cdot\boxed{2}}{6\cdot\boxed{2}}-\frac{2\cdot\boxed{3}}{4\cdot\boxed{3}}=\frac{10}{12}-\frac{6}{12}=\frac{4}{12}=\frac{1}{3}$

$\frac{2:2}{4:2}=\frac{1}{2}$

$\frac{5}{6}-\frac{1}{2}=\frac{5}{6}-\frac{1\cdot\boxed{3}}{2\cdot\boxed{3}}=\frac{5}{6}-\frac{3}{6}=\frac{2}{6}=\frac{1}{3}$

a) $\frac{11}{8}-\frac{15}{12}=$

b) $\frac{8}{10}-\frac{10}{25}=$

c) $\frac{15}{4}-\frac{9}{18}=$

d) $\frac{7}{14}-\frac{5}{10}=$

❷ Frau Schmidt hat $2\frac{3}{8}$ kg Zucker zu Hause. Zum Backen des Lieblingskuchens ihrer Kinder verwendet sie $\frac{1}{5}$ kg.

Frage: ______________________

Rechnung: ______________________

Antwort: ______________________

❸ Löse die Aufgaben.

a) $4\frac{1}{2}-2\frac{1}{8}=$

b) $6\frac{4}{5}-3\frac{1}{2}=$

c) $\frac{11}{12}-\frac{2}{4}-\frac{1}{3}=$

d) $\frac{8}{5}-\frac{1}{3}-\frac{1}{2}=$

Addition und Subtraktion von Brüchen mit gleichen Nennern 1

+/–

1 Vervollständige die Aufgaben und berechne die Ergebnisse.

a)

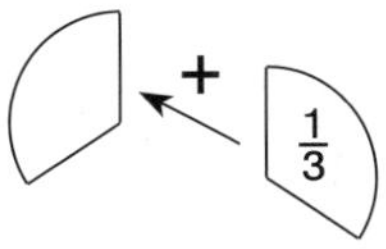

$\frac{1}{3} + \frac{1}{3} = \frac{\square}{3}$

b)

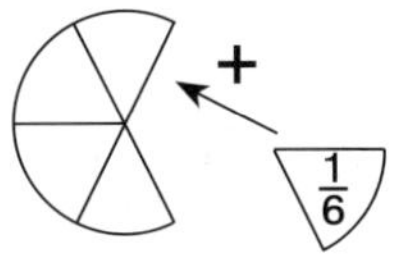

$\frac{4}{6} + \frac{\square}{6} = \frac{\square}{6}$

c)

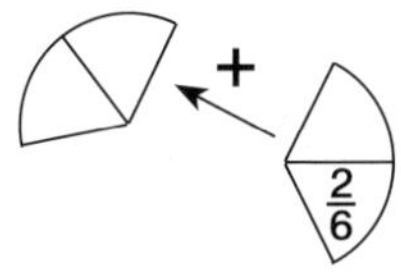

$\frac{2}{6} + \frac{\square}{6} = \boxed{\frac{}{}}$

d)

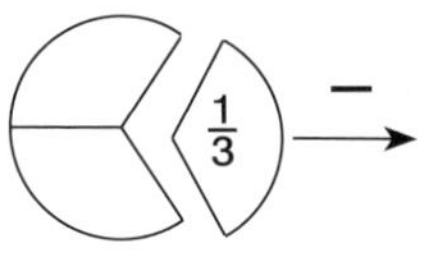

$\frac{2}{3} - \frac{1}{3} = \boxed{\frac{}{}}$

e)

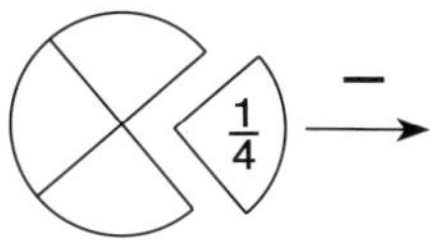

$\frac{3}{4} - \frac{\square}{4} = \frac{\square}{4}$

f)

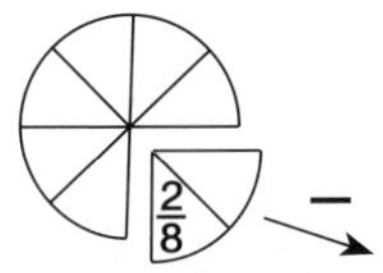

$\frac{\square}{8} - \boxed{\frac{}{}} = \boxed{\frac{}{}}$

2 Berechne das Ergebnis.

a)
$\frac{3}{8} + \frac{2}{8} =$

$\frac{4}{10} + \frac{3}{10} =$

$\frac{5}{9} - \frac{1}{9} =$

$3\frac{5}{12} + 1\frac{6}{12} =$

b)
$\frac{4}{5} - \frac{2}{5} =$

$\frac{8}{9} - \frac{4}{9} =$

$\frac{11}{12} - \frac{4}{12} =$

$2\frac{1}{6} + \frac{4}{6} =$

c)
$\frac{7}{16} + \frac{6}{16} =$

$\frac{13}{15} - \frac{7}{15} =$

$\frac{12}{19} - \frac{7}{19} =$

$5\frac{2}{21} + 5\frac{13}{21} =$

3 Löse die Aufgaben. Kürze das Ergebnis, wenn möglich.

a)
$\frac{8}{10} - \frac{3}{10} =$

$\frac{13}{14} - \frac{11}{14} =$

$\frac{17}{18} - \frac{5}{18} =$

$\frac{13}{30} + \frac{10}{30} =$

b)
$\frac{4}{9} + \frac{2}{9} =$

$\frac{11}{24} + \frac{7}{24} =$

$\frac{15}{20} - \frac{11}{20} =$

$\frac{33}{50} - \frac{4}{50} - \frac{4}{50} =$

c)
$\frac{7}{32} + \frac{5}{32} + \frac{1}{32} =$

$\frac{4}{18} + \frac{5}{18} =$

$\frac{22}{25} - \frac{17}{25} =$

$\frac{29}{49} - \frac{15}{49} =$

47 Addition und Subtraktion von Brüchen mit gleichen Nennern 2

+/−

1 Setze die fehlenden Zahlen ein.

a)
$\frac{3}{6} + \frac{\square}{6} = \frac{5}{\square}$

$\frac{\square}{7} + \frac{1}{7} = \frac{6}{7}$

$\frac{5}{8} + \frac{\square}{8} = \frac{7}{\square}$

$\frac{3}{10} + \frac{\square}{\square} = \frac{9}{10}$

b)
$\frac{\square}{5} - \frac{1}{5} = \frac{3}{\square}$

$\frac{7}{8} - \frac{\square}{8} = \frac{4}{\square}$

$\frac{1}{11} + \frac{9}{11} = \frac{\square}{\square}$

$\frac{\square}{12} - \frac{6}{12} = \frac{1}{\square}$

c)
$\square\frac{6}{7} - 2\frac{4}{\square} = 5\frac{\square}{7}$

$18\frac{8}{\square} - \square\frac{5}{16} = 11\frac{\square}{16}$

$3\frac{\square}{13} + 2\frac{5}{\square} = \square\frac{12}{13}$

$\square\frac{2}{15} + 17\frac{\square}{15} = 28\frac{11}{\square}$

2 Firma Schulze und Firma Müller sollen einen $15\frac{9}{11}$ km langen Tunnel bauen. Beide Firmen arbeiten von den Enden aufeinander zu. Nach 8 Monaten ist die Firma Müller $4\frac{2}{11}$ km vorangekommen und Firma Schulze $6\frac{4}{11}$ km.

Frage: ______________________________

Rechnung: ______________________________

Antwort: ______________________________

3 Wurde hier richtig gerechnet? Überprüfe und korrigiere, wenn nötig.

Aufgabe	richtige Lösung	Aufgabe	richtige Lösung
$\frac{7}{13} + \frac{5}{13} = \frac{10}{13}$		$\frac{16}{33} + 7\frac{8}{33} = 7\frac{24}{33}$	
$4\frac{10}{27} + 2\frac{8}{27} = 6\frac{18}{27}$		$14\frac{5}{17} + 9\frac{5}{17} = 23\frac{11}{17}$	
$\frac{19}{45} + \frac{22}{45} = \frac{41}{45}$		$33\frac{15}{49} + \frac{19}{49} = 33\frac{34}{49}$	
$15\frac{17}{29} + \frac{6}{29} = 14\frac{21}{29}$		$\frac{37}{89} - \frac{28}{89} = \frac{5}{89}$	

K. Becker/E. Iaccarino: Bruchrechnung in kleinen Schritten – Band 2

Addition und Subtraktion von Brüchen mit gleichen Nennern 3

+/−

1 Löse die Aufgaben. Kürze oder schreibe das Ergebnis als gemischte Zahl. Manchmal ist beides möglich.

a) $\frac{21}{7} - \frac{9}{7} - \frac{2}{7} =$

$\frac{3}{13} + \frac{7}{13} =$

$\frac{5}{6} + \frac{5}{6} =$

$5\frac{20}{21} - 2\frac{8}{21} =$

b) $9\frac{36}{41} - \frac{23}{41} - 1\frac{6}{41} =$

$\frac{27}{53} + 15\frac{13}{53} =$

$\frac{29}{35} + \frac{34}{35} + \frac{18}{35} =$

$\frac{48}{27} - \frac{17}{27} - \frac{22}{27} =$

2 Setze die fehlenden Zahlen ein.

a) $\frac{13}{100}$

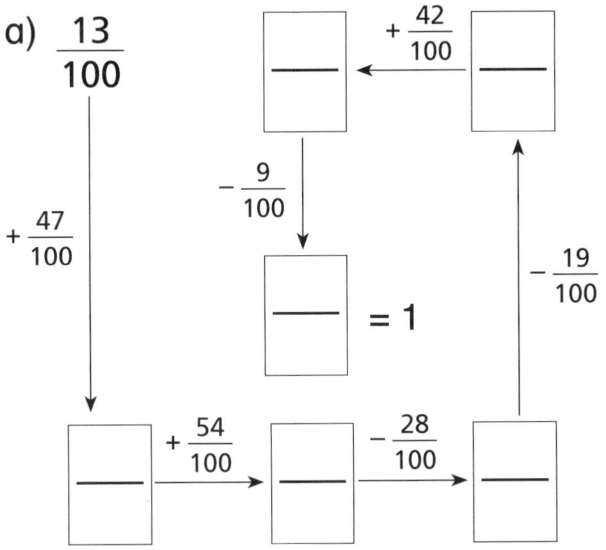

b) $\frac{22}{50}$

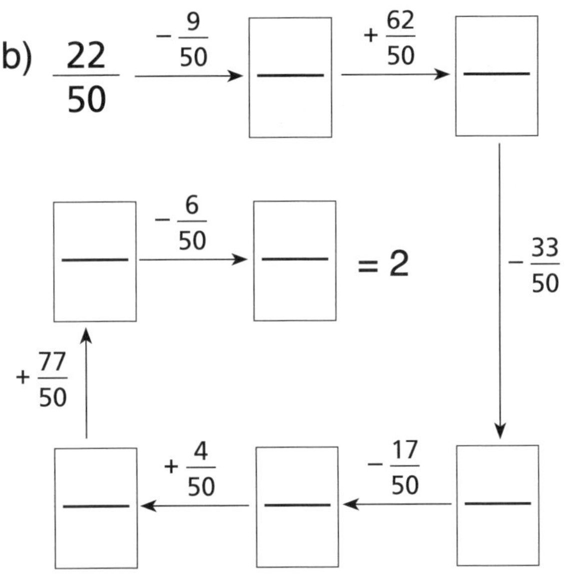

3 Anna ist heute zu ihrer Schwester gefahren. Sie legte $\frac{1}{5}$ des Weges mit dem Fahrrad zurück, dann lief sie $\frac{2}{5}$ des Weges zu Fuß. Danach wurde sie von ihrer Freundin mit dem Auto mitgenommen.

Frage: ______________________

Rechnung: ______________________

Antwort: ______________________

Addition und Subtraktion von Brüchen mit ungleichen Nennern 1

+/−

1 Schreibe unter die Zeichnung die dazugehörigen Bruchteile und addiere diese. Denk daran: Bei Brüchen mit ungleichen Nennern musst du zuerst erweitern.

a)

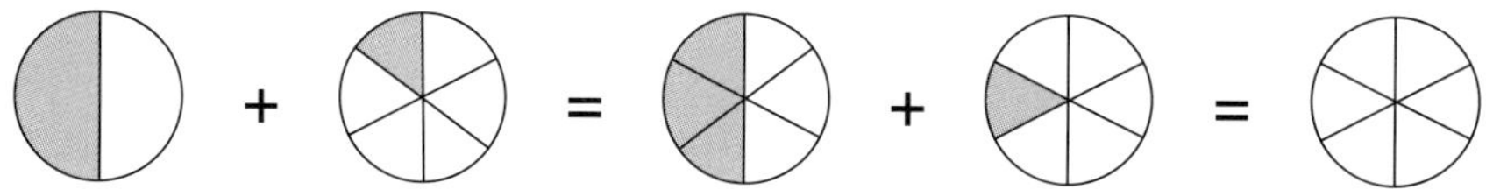

$\frac{\square}{\square} + \frac{\square}{\square} = \frac{\square}{\square} + \frac{\square}{\square} = \frac{\square}{\square}$

b)

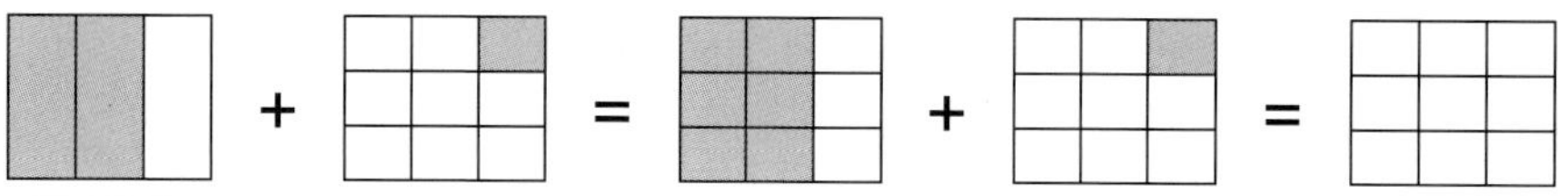

$\frac{\square}{\square} + \frac{\square}{\square} = \frac{\square}{\square} + \frac{\square}{\square} = \frac{\square}{\square}$

c)

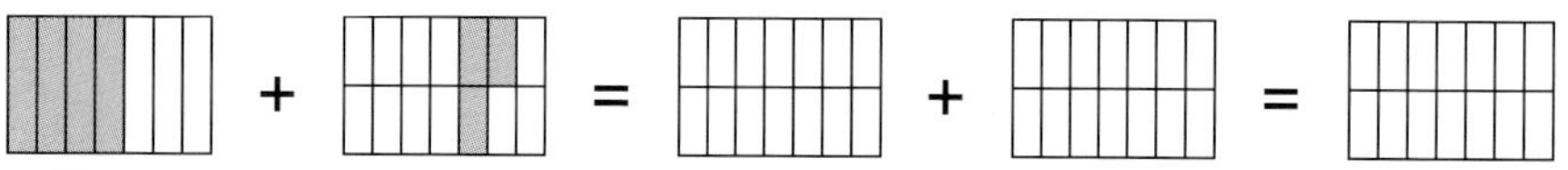

$\frac{\square}{\square} + \frac{\square}{\square} = \frac{\square}{\square} + \frac{\square}{\square} = \frac{\square}{\square}$

d)

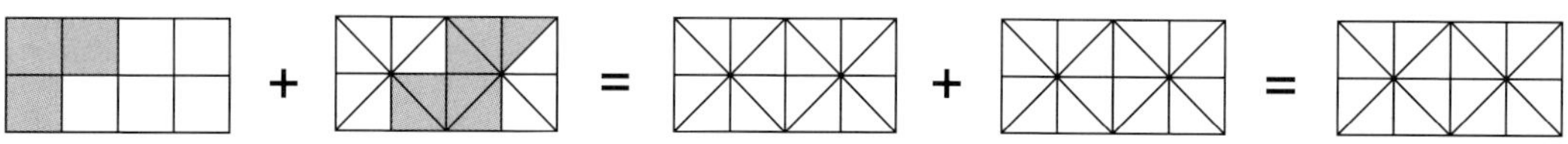

$\frac{\square}{\square} + \frac{\square}{\square} = \frac{\square}{\square} + \frac{\square}{\square} = \frac{\square}{\square}$

e)

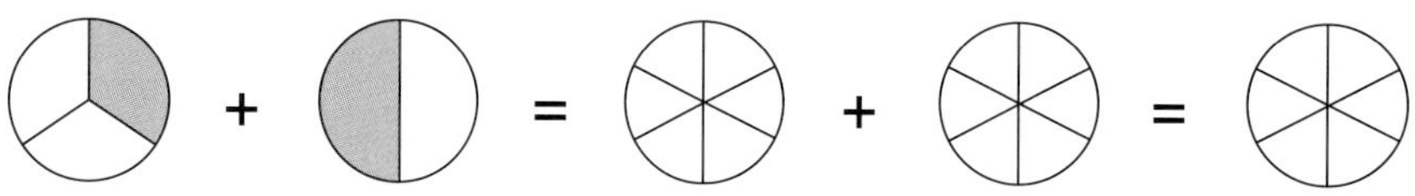

$\frac{\square}{\square} + \frac{\square}{\square} = \frac{\square}{\square} + \frac{\square}{\square} = \frac{\square}{\square}$

2 Erweitere zuerst auf den Hauptnenner. Berechne dann das Ergebnis.

a) $\frac{1}{3} + \frac{5}{6} = \frac{1 \cdot 2}{3 \cdot 2} + \frac{5}{6} = \frac{2}{6} + \frac{5}{6} =$

b) $\frac{5}{6} + \frac{1}{12} = \frac{5 \cdot 2}{6 \cdot 2} + \frac{1}{12} = \frac{\square}{\square} + \frac{\square}{\square} =$

c) $\frac{2}{5} + \frac{4}{15} = \frac{2 \cdot \square}{5 \cdot \square} + \frac{\square}{\square} =$

d) $\frac{4}{7} + \frac{7}{28} =$

e) $\frac{3}{10} + \frac{23}{60} =$

f) $\frac{1}{3} + \frac{1}{5} =$

g) $\frac{3}{11} + \frac{2}{3} =$

h) $\frac{2}{9} + \frac{3}{4} =$

K. Becker/E. Iaccarino: Bruchrechnung in kleinen Schritten – Band 2

Addition und Subtraktion von Brüchen mit ungleichen Nennern 2

1 Löse die Aufgabe.

$\frac{1}{10} + \boxed{\frac{1}{4} \quad \frac{2}{9} \quad \frac{4}{5} \quad \frac{2}{3}}$

a) ______

b) ______

c) ______

d) ______

2 Subtrahiere jeweils vom größeren Bruch den kleineren.

a) $\frac{1}{2}, \frac{1}{6}$ ______

$\frac{3}{4}, \frac{2}{5}$ ______

$2\frac{2}{3}, 1\frac{1}{5}$ ______

b) $3\frac{4}{5}, 5\frac{1}{2}$ ______

$\frac{2}{3}, \frac{17}{21}$ ______

$\frac{5}{6}, \frac{3}{8}$ ______

3 Löse die Aufgaben.

a) $\frac{2}{3} - \frac{7}{12} =$

$\frac{15}{20} + \frac{5}{16} =$

$2\frac{2}{3} + 5\frac{1}{2} =$

$4\frac{23}{24} - \frac{5}{6} =$

b) $\frac{4}{11} + \frac{3}{6} =$

$\frac{4}{5} + \frac{1}{2} + \frac{3}{4} =$

$33\frac{7}{8} + 15\frac{3}{4} =$

$\frac{5}{30} - \frac{1}{12} =$

4 Setze die fehlenden Brüche ein. Addiere dazu immer zwei nebeneinander stehende Brüche.

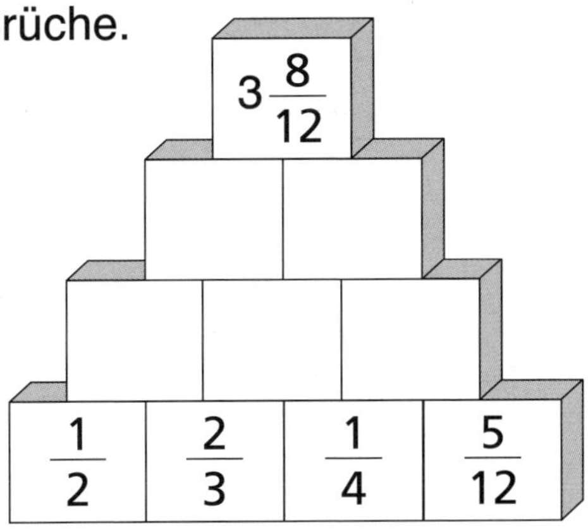

Addition und Subtraktion von Brüchen mit ungleichen Nennern 3

+/−

1 Wurde hier richtig gerechnet? Überprüfe und korrigiere, wenn nötig.

Aufgabe	richtige Lösung	Aufgabe	richtige Lösung
$\frac{3}{4} + \frac{5}{6} = 2\frac{7}{12}$		$5\frac{1}{3} + 2\frac{5}{8} = 7\frac{23}{24}$	
$\frac{1}{7} + \frac{17}{21} + \frac{2}{3} = 1\frac{13}{21}$		$9\frac{3}{7} + \frac{1}{4} = 9\frac{19}{26}$	
$\frac{1}{5} + \frac{1}{10} + \frac{1}{4} = \frac{19}{30}$		$4\frac{8}{9} - 1\frac{5}{12} = 2\frac{24}{36}$	
$\frac{5}{6} - \frac{3}{8} = \frac{22}{48} = \frac{11}{24}$		$\frac{5}{6} - \frac{5}{9} - \frac{1}{6} = \frac{2}{9}$	

2 Löse die Aufgaben. Denke ans Kürzen.

a)

$\frac{1}{3} + \frac{4}{9} - \frac{5}{18} =$

$\frac{1}{2} - \frac{7}{18} + \frac{2}{9} =$

$\frac{9}{15} + \frac{7}{10} - \frac{9}{20} =$

$\frac{1}{4} - \frac{3}{20} + \frac{2}{5} =$

$\frac{5}{6} + \frac{7}{12} + \frac{4}{9} =$

b)

$\frac{7}{8} + \frac{9}{12} - \frac{5}{6} =$

$\frac{2}{3} - \frac{3}{10} + \frac{4}{5} =$

$\frac{7}{8} + \frac{34}{5} - \frac{3}{4} =$

$\frac{10}{12} - \frac{2}{15} + \frac{2}{3} =$

$\frac{5}{6} - \frac{1}{3} + \frac{2}{7} =$

3 Kommissar Petersen verhört einen Dieb, der seine Unschuld beteuert. Aber der Kommissar glaubt dem Dieb nicht. Weißt du, warum?

Hier das Alibi des Diebes:

„Ein Viertel der Zeit war ich arbeiten. Für ein Drittel der Zeit ist mein Freund Augenzeuge. Ein Achtel der Zeit war ich im Kino und ein Viertel der Zeit halten Sie mich hier fest, Herr Kommissar."

Rechnung: ______________________________

Antwort: ______________________________

K. Becker/E. Iaccarino: Bruchrechnung in kleinen Schritten – Band 2

Lernkontrolle 1

?

1 Gib die Bruchzahlen an.

a) 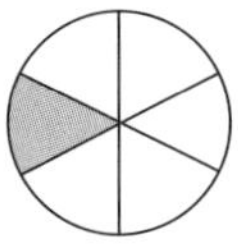

$\frac{\square}{\square}$

b) 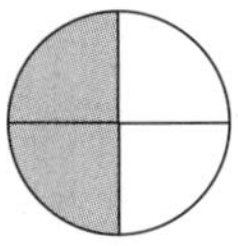

$\frac{\square}{\square}$

c) 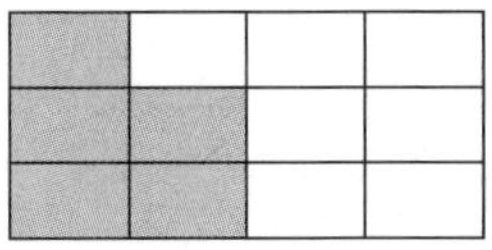

$\frac{\square}{\square}$

d) 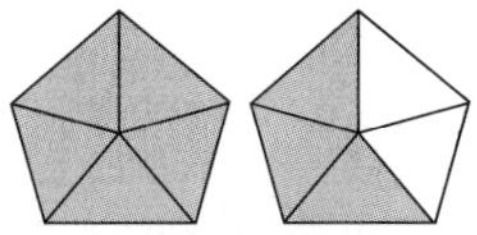

$\square\frac{\square}{\square}$

2 Färbe die angegebenen Bruchteile.

a) 

$\frac{1}{3}$

b) 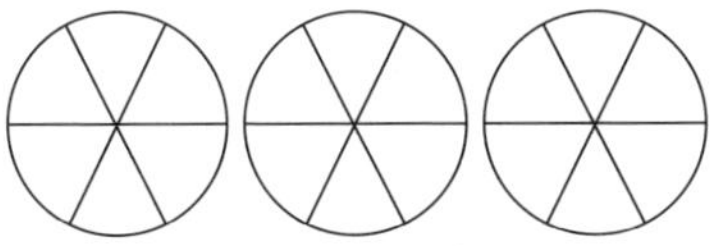

$2\frac{4}{6}$

c) 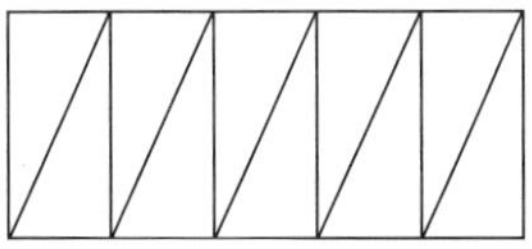

$\frac{7}{10}$

d) 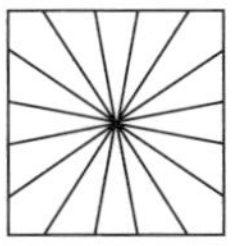

$\frac{9}{16}$

3 Bestimme die erweiterten bzw. gekürzten Brüche.

a) 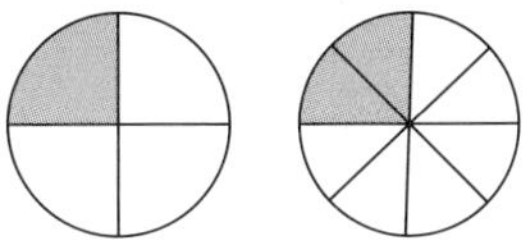

$\frac{\square}{\square} = \frac{\square}{\square}$

b) 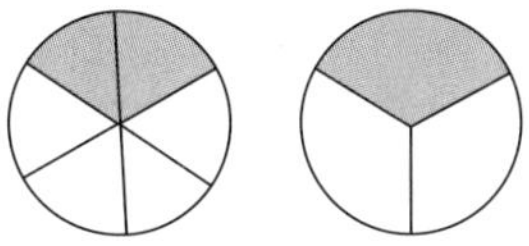

$\frac{\square}{\square} = \frac{\square}{\square}$

c) 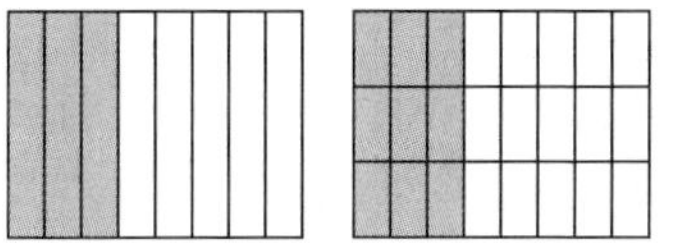

$\frac{\square}{\square} = \frac{\square}{\square}$

d) 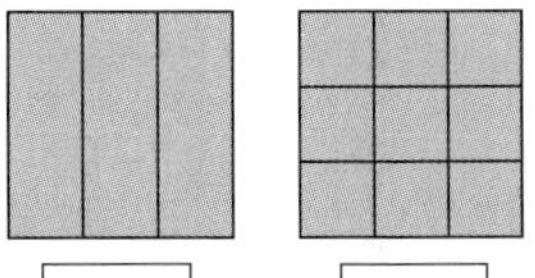

$\frac{\square}{\square} = \frac{\square}{\square}$

e) 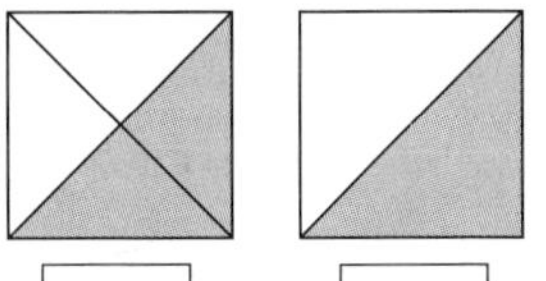

$\frac{\square}{\square} = \frac{\square}{\square}$

f) 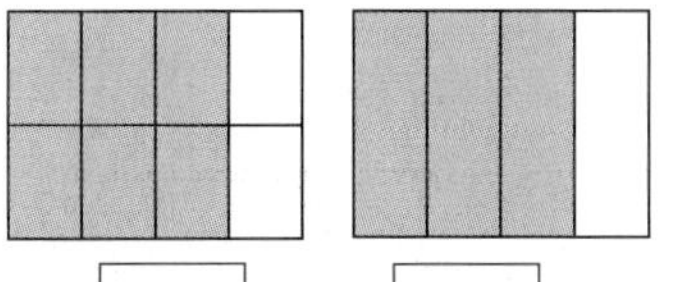

$\frac{\square}{\square} = \frac{\square}{\square}$

4 Mit welcher Zahl wurde gekürzt bzw. erweitert? Setze ein.

a) $\frac{3}{4} = \frac{9}{12}$

b) $\frac{35}{20} = \frac{7}{4}$

c) $\frac{8}{16} = \frac{4}{8}$

d) $\frac{5}{12} = \frac{20}{48}$

e) $\frac{24}{144} = \frac{2}{12}$

f) $\frac{64}{32} = \frac{8}{4}$

Lernkontrolle 1

?

❺ Setze die richtigen Zeichen (>, <, =).

a) 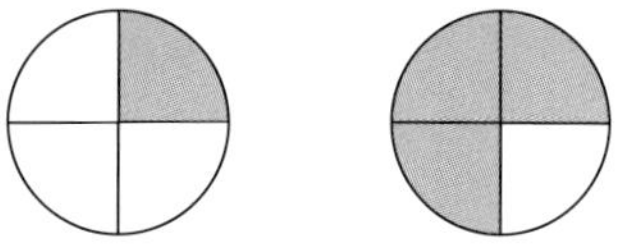

$\frac{1}{4}$ ☐ $\frac{3}{4}$

b) 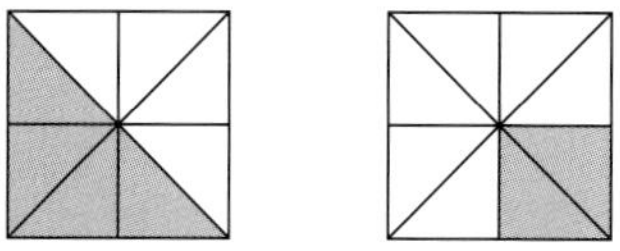

$\frac{4}{8}$ ☐ $\frac{2}{8}$

c) 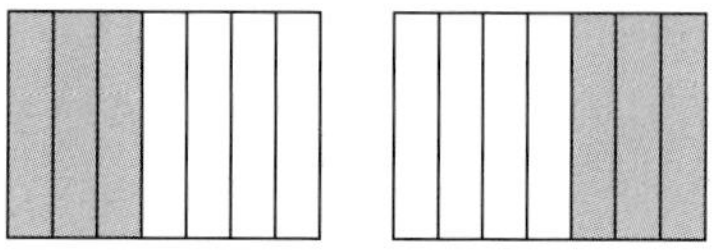

$\frac{3}{7}$ ☐ $\frac{3}{7}$

❻ Ordne die Brüche der Größe nach. Beginne mit dem kleinsten.

a) $\frac{1}{6}, \frac{5}{6}, \frac{3}{6}$ ______________________________

b) $\frac{1}{2}, \frac{1}{4}, \frac{1}{8}$ ______________________________

c) $\frac{2}{3}, \frac{4}{9}, \frac{17}{18}$ ______________________________

❼ Bestimme die Maßzahlen und rechne in die nächst kleinere Einheit um.

a) 

$\frac{1}{2}$ h = 60 min : 2 · 1 = 30 min

b) 

$\frac{\square}{\square}$ l = ______________ = ________ ml

c) 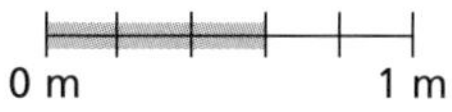

$\frac{\square}{\square}$ m = ______________ = ________ cm

❽ Berechne mithilfe des Operatormodells.

a) $\frac{2}{4}$ von 12 kg

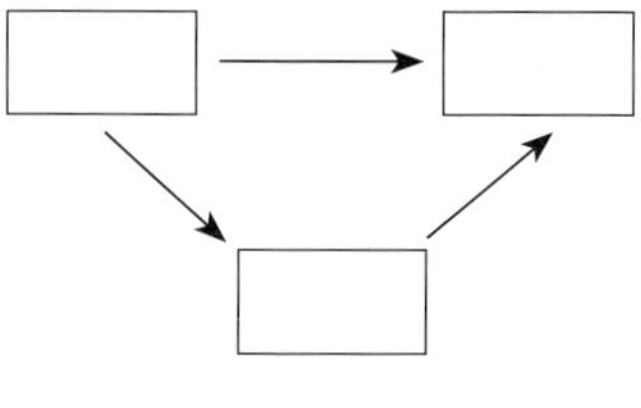

b) $\frac{3}{5}$ von 10 m

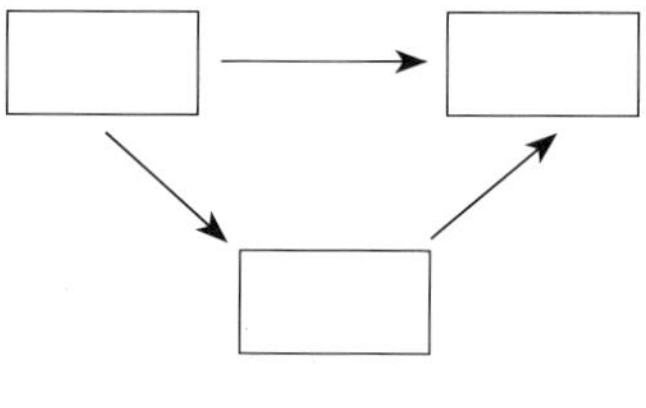

c) $\frac{1}{3}$ von 9 dm

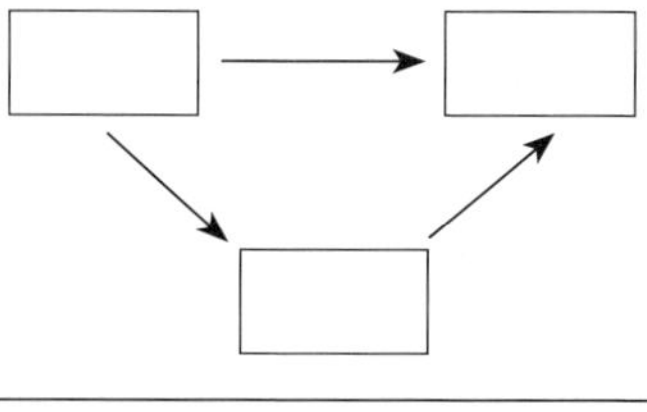

d) $\frac{2}{6}$ von 42 €

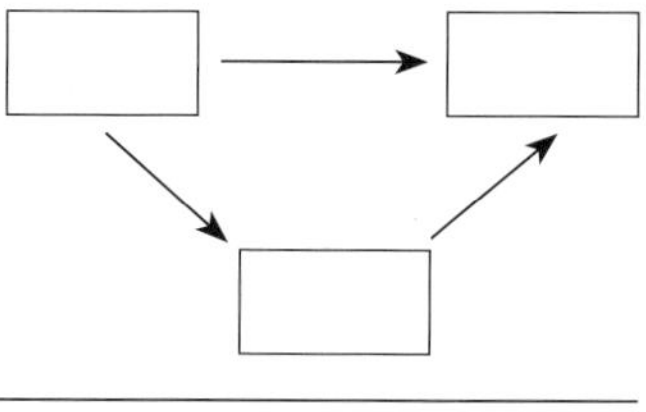

K. Becker/E. Iaccarino: Bruchrechnung in kleinen Schritten – Band 2

Lernkontrolle 2

?

1 Berechne das Ergebnis. Färbe die Bruchteile ein.

a)

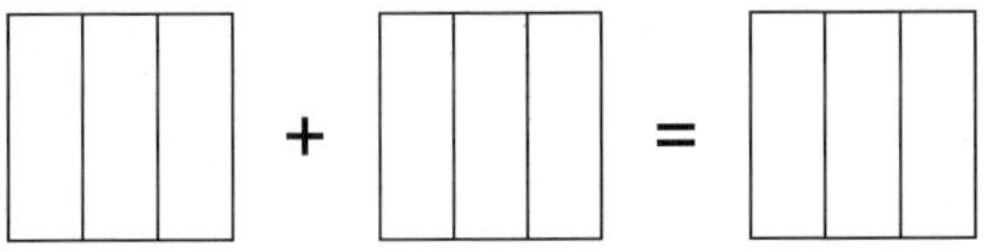

$\frac{1}{3} + \frac{1}{3} = \frac{\square}{\square}$

b)

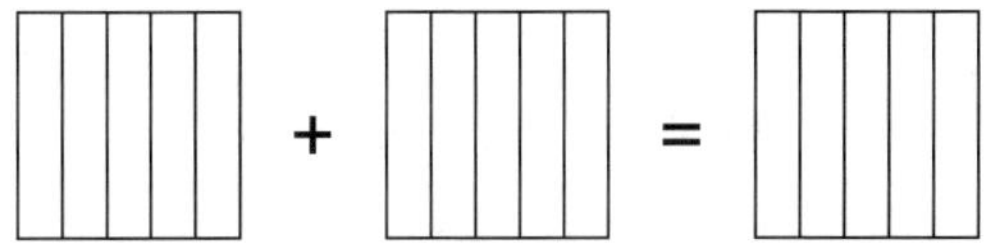

$\frac{2}{5} + \frac{1}{5} = \frac{\square}{\square}$

c)

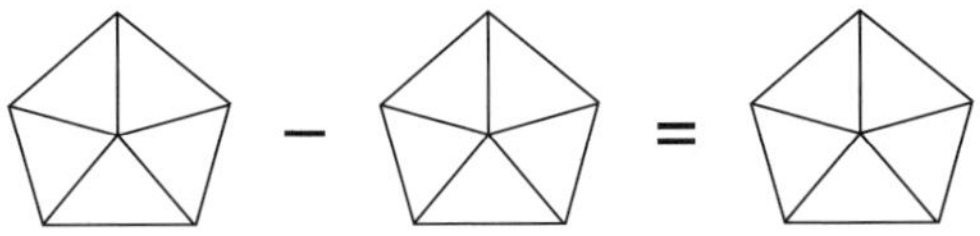

$\frac{4}{5} - \frac{2}{5} = \frac{\square}{\square}$

d)

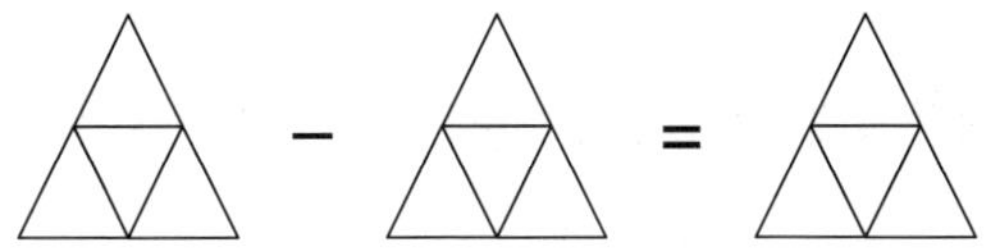

$\frac{2}{4} - \frac{1}{4} = \frac{\square}{\square}$

2 Vervollständige die Aufgabe: Gib die Brüche an und färbe die Bruchteile.

a)

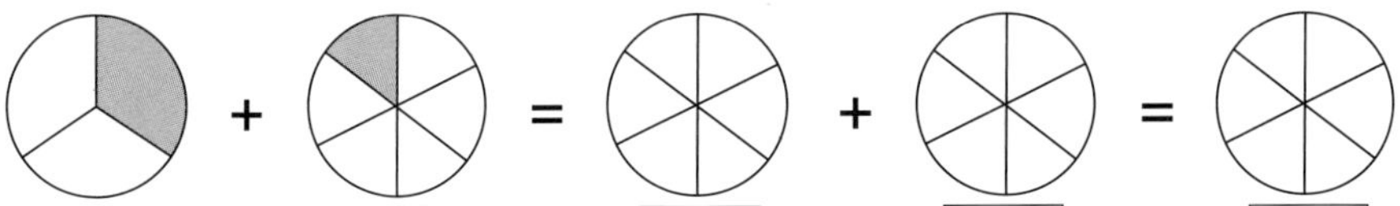

$\frac{\square}{\square} + \frac{\square}{\square} = \frac{\square}{\square} + \frac{\square}{\square} = \frac{\square}{\square}$

b)

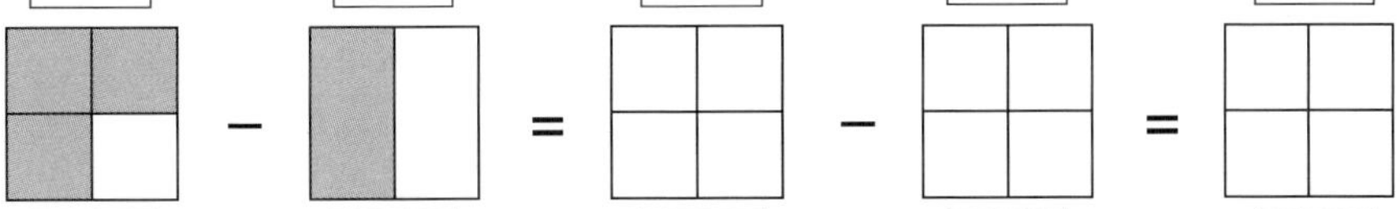

$\frac{\square}{\square} - \frac{\square}{\square} = \frac{\square}{\square} - \frac{\square}{\square} = \frac{\square}{\square}$

c)

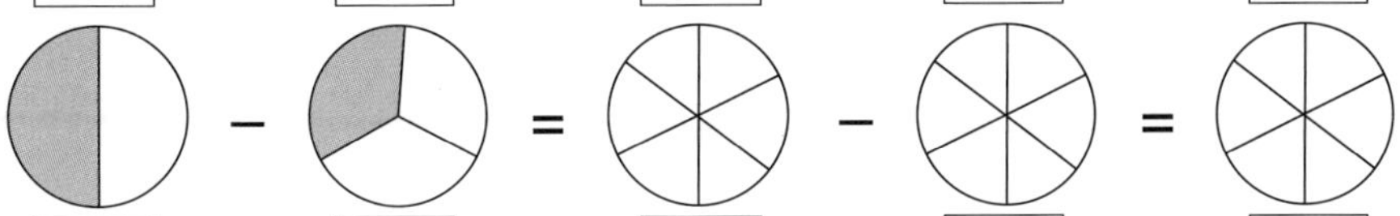

$\frac{\square}{\square} - \frac{\square}{\square} = \frac{\square}{\square} - \frac{\square}{\square} = \frac{\square}{\square}$

3 Gib das Ergebnis an. Denke daran, zuerst den Hauptnenner zu bestimmen.

a)

$\frac{7}{8} - \frac{3}{8} =$

$\frac{7}{9} - \frac{1}{3} =$

$\frac{1}{10} + \frac{4}{5} =$

$\frac{7}{16} + \frac{1}{4} =$

b)

$\frac{2}{3} - \frac{1}{2} =$

$\frac{2}{4} + \frac{1}{3} =$

$\frac{7}{4} - \frac{4}{5} =$

$\frac{3}{7} + \frac{1}{3} =$

Lernkontrolle 2

?

❹ Von $\frac{10}{12}$ Pizza werden nur $\frac{7}{12}$ Pizza gegessen. Es bleiben also $\frac{\square}{\square}$ Pizza übrig.

Rechnung: ______________________

❺ Löse die Aufgaben und kürze das Ergebnis, wenn möglich.

a) $\frac{13}{15} - \frac{8}{15} =$

$\frac{1}{2} + \frac{3}{14} =$

$3\frac{3}{8} + 1\frac{8}{24} =$

b) $\frac{15}{16} - \frac{6}{16} - \frac{5}{16} =$

$4\frac{1}{4} - 1\frac{3}{5} =$

$\frac{5}{20} + \frac{1}{2} =$

❻ Bilde aus den vorgegebenen Brüchen 3 Additionsaufgaben und 3 Subtraktionsaufgaben. Berechne ihre Ergebnisse und kürze, wenn möglich.

$1\frac{1}{2}$, $\frac{2}{3}$, $\frac{5}{12}$, $\frac{3}{4}$, $\frac{3}{10}$, $2\frac{6}{10}$, $\frac{5}{15}$, $2\frac{3}{5}$, $4\frac{7}{15}$, $\frac{4}{10}$, $\frac{6}{12}$, $\frac{7}{12}$, $\frac{1}{6}$

____

____

____

____

____

____

____

____

____

❼ Ein Paket wiegt mit Inhalt $18\frac{7}{10}$ kg. Das leere Paket wiegt $5\frac{2}{5}$ kg.

Frage: ______________________

Rechnung: ______________________

Antwort: ______________________

Lernkontrolle 3

1 Mit welcher Zahl wurde gekürzt bzw. erweitert? Setze ein.

a) $\frac{1}{3} = \frac{2}{6}$ (oben: □, unten: □)

b) $\frac{4}{5} = \frac{12}{15}$ (oben: □, unten: □)

c) $\frac{12}{16} = \frac{3}{4}$ (oben: □, unten: □)

d) $\frac{10}{15} = \frac{\square}{3}$ (oben: □, unten: □)

e) $\frac{4}{6} = \frac{16}{\square}$ (oben: □, unten: $\cdot 4$)

f) $\frac{32}{48} = \frac{\square}{\square}$ (oben: □, unten: $:4$)

g) $\frac{18}{27} = \frac{\square}{9}$ (oben: □, unten: □)

h) $\frac{6}{7} = \frac{48}{56}$ (oben: □, unten: □)

i) $\frac{9}{13} = \frac{\square}{\square}$ (oben: $\cdot 2$, unten: □)

2 Setze die richtigen Zeichen (>, <, =).

a) $\frac{2}{6}$ □ $\frac{4}{6}$

$\frac{3}{5}$ □ $\frac{1}{5}$

b) $\frac{2}{8}$ □ $\frac{1}{4}$

$\frac{7}{12}$ □ $\frac{5}{12}$ □ $\frac{6}{12}$

c) $\frac{3}{7}$ □ $\frac{6}{14}$ □ $\frac{1}{7}$

$\frac{11}{13}$ □ $\frac{2}{13}$ □ $\frac{4}{26}$

3 Bestimme die fehlenden Zahlen. Es gibt mehrere Möglichkeiten.

a) $\frac{3}{4} > \frac{\square}{4}$

b) $\frac{1}{3} < \frac{\square}{3} < \frac{4}{3}$

c) $\frac{2}{6} < \frac{\square}{3}$

4 Rechne in die angegebene Einheit um.

a) $\frac{1}{4}$ km = ________ m

$\frac{3}{6}$ h = ________ min

b) $\frac{2}{5}$ m = ________ cm

$\frac{5}{8}$ kg = ________ g

c) $\frac{9}{10}$ m = ________ dm

$\frac{3}{4}$ h = ________ min

5 Nadine bekommt ein Fahrrad für 160 Euro zum Geburtstag. Ihre Eltern zahlen $\frac{3}{4}$ des Preises. Den Rest legt Nadines Oma dazu. Wie viel Euro bezahlen Nadines Eltern und wie viel zahlt Nadines Oma?

Rechnung: ____

Antwort: ____

Lernkontrolle 3

6 Setze die fehlenden Zahlen ein.

a) $\frac{2}{5} + \frac{1}{5} = \frac{\square}{\square}$

$\frac{\square}{8} + \frac{3}{\square} = \frac{7}{8}$

$\frac{\square}{12} - \frac{6}{12} = \frac{1}{\square}$

b) $\square\frac{6}{7} - 2\frac{4}{\square} = 5\frac{\square}{7}$

$\frac{8}{9} - \frac{\square}{\square} = \frac{3}{9}$

$\frac{\square}{\square} + \frac{9}{12} = \frac{11}{12}$

c) $\square\frac{1}{11} + \frac{9}{11} = 5\frac{\square}{\square}$

$17\frac{\square}{15} + \square\frac{2}{15} = 28\frac{11}{\square}$

$\square\frac{13}{23} + \frac{6}{\square} = 7\frac{\square}{23}$

7 Ergänze das Ergebnis immer zu einem Ganzen.

a) $\frac{1}{3} + \frac{1}{4} + \frac{1}{6} = \frac{1 \cdot 4}{3 \cdot 4} + \frac{1 \cdot 3}{4 \cdot 3} + \frac{1 \cdot 2}{6 \cdot 2} = \frac{4}{12} + \frac{3}{12} + \frac{2}{12} = \frac{9}{12}$

$\frac{9}{12} + \frac{\square}{\square} = 1$

b) $\frac{1}{5} + \frac{1}{4} + \frac{3}{10} =$

$\frac{\square}{\square} + \frac{\square}{\square} = 1$

c) $\frac{6}{10} - \frac{2}{20} + \frac{1}{2} =$

$\frac{\square}{\square} + \frac{\square}{\square} = 1$

d) $\frac{6}{5} - \frac{3}{4} + \frac{1}{8} =$

$\frac{\square}{\square} + \frac{\square}{\square} = 1$

8 Löse die Aufgaben und kürze das Ergebnis wenn möglich.

a) $\frac{12}{13} - \frac{7}{13} =$

$2\frac{1}{3} + \frac{4}{9} =$

$\frac{17}{20} - \frac{12}{20} =$

b) $\frac{2}{3} + 5\frac{3}{10} =$

$9\frac{1}{3} + 9\frac{6}{21} =$

$\frac{1}{3} + \frac{4}{9} - \frac{5}{18} =$

9 Herr Solms Weg zur Arbeit ist $7\frac{3}{4}$ km lang. Er geht $\frac{1}{4}$ km zu Fuß, den Rest fährt er mit dem Bus.

Frage: ______________________________

Rechnung: ______________________________

Antwort: ______________________________

Lösungen

1 Bruchschreibweise notieren 1 $\frac{3}{4}$

Die Zahl **unter** dem Bruchstrich nennt man **Nenner**.
Der Nenner gibt an, in wie viele Teile das Ganze geteilt wird.
Die Zahl **über** dem Bruchstrich heißt **Zähler**.
Der Zähler gibt an, wie viele Teile des Ganzen gemeint sind.

Gib die Bruchzahlen an.

a)
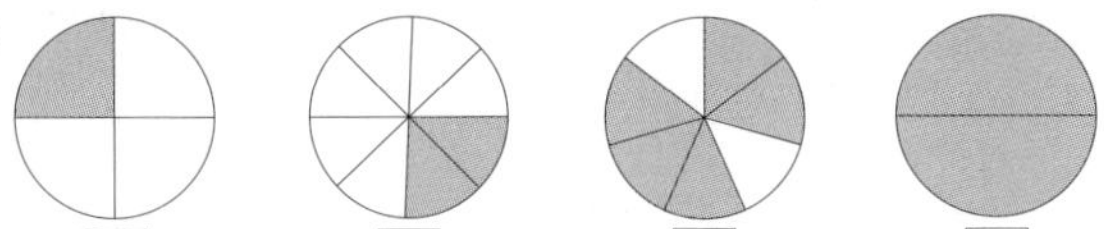

$\frac{1}{4}$ $\frac{2}{8}$ $\frac{5}{7}$ $\frac{2}{2}$

b)
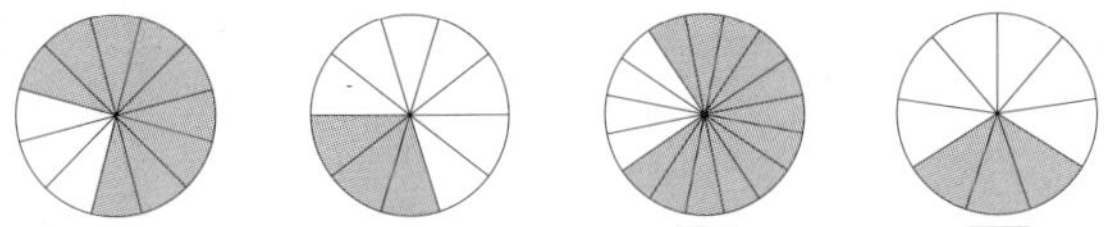

$\frac{9}{12}$ $\frac{3}{10}$ $\frac{12}{16}$ $\frac{3}{9}$

c)
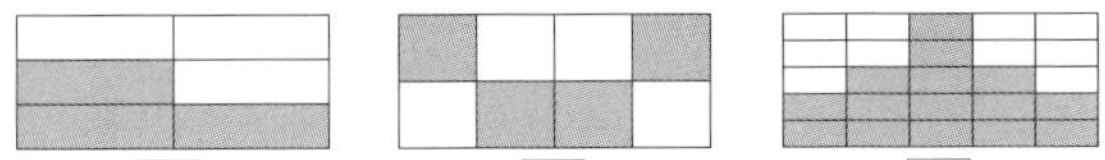

$\frac{3}{6}$ $\frac{4}{8}$ $\frac{15}{25}$

d)
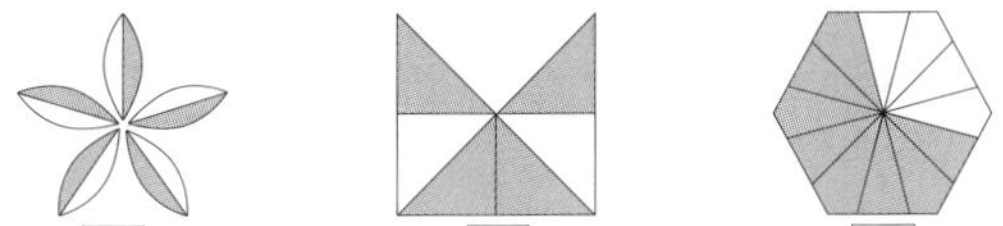

$\frac{5}{10}$ $\frac{4}{6}$ $\frac{8}{12}$

2 Bruchschreibweise notieren 2 $\frac{3}{4}$

Gib die Bruchzahlen an.

a)
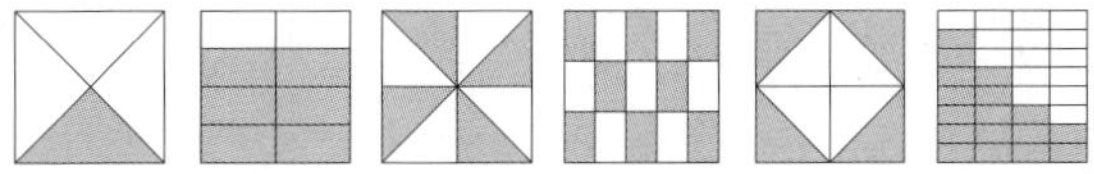

$\frac{1}{4}$ $\frac{6}{8}$ $\frac{4}{8}$ $\frac{8}{15}$ $\frac{4}{8}$ $\frac{17}{32}$

b)
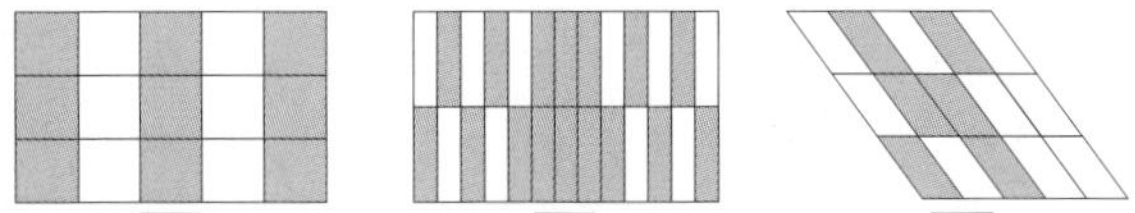

$\frac{9}{15}$ $\frac{16}{26}$ $\frac{6}{15}$

c)
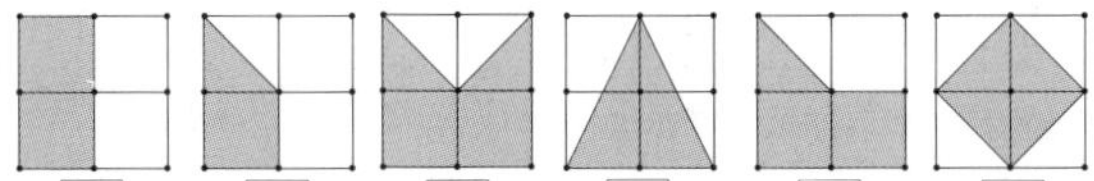

$\frac{2}{4}$ $\frac{3}{8}$ $\frac{6}{8}$ $\frac{2}{4}$ $\frac{5}{8}$ $\frac{4}{8}$

d)
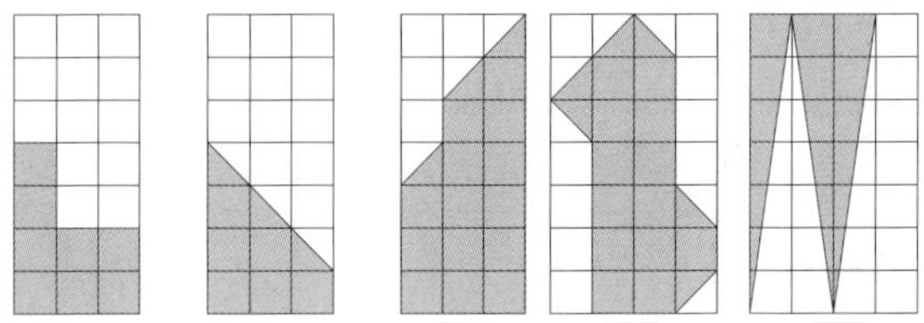

$\frac{8}{21}$ $\frac{15}{42}$ $\frac{31}{42}$ $\frac{32}{42}$ $\frac{3}{8}$

3 Bruchschreibweise zeichnen 1 $\frac{3}{4}$

Die Zahl **unter** dem Bruchstrich nennt man **Nenner**.
Der Nenner gibt an, in wie viele Teile das Ganze geteilt wird.
Die Zahl **über** dem Bruchstrich heißt **Zähler**.
Der Zähler gibt an, wie viele Teile des Ganzen gemeint sind.

Färbe die angegebenen Brucheile.

a)
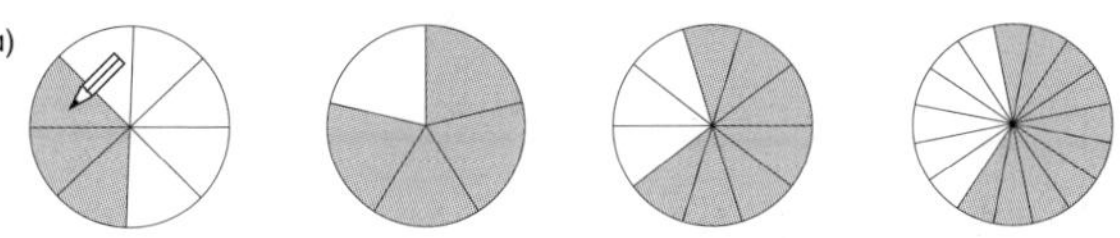

$\frac{3}{8}$ $\frac{4}{5}$ $\frac{7}{10}$ $\frac{10}{16}$

b)
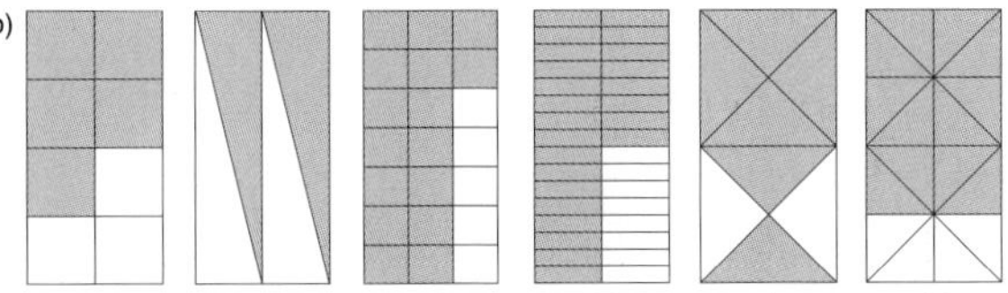

$\frac{5}{8}$ $\frac{2}{4}$ $\frac{16}{21}$ $\frac{24}{32}$ $\frac{6}{8}$ $\frac{12}{16}$

c)
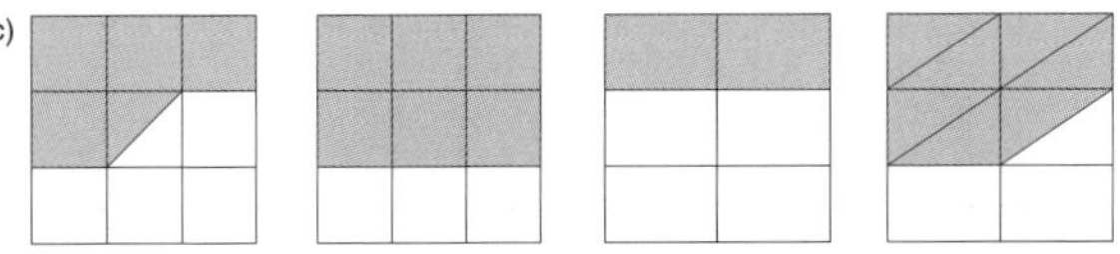

$\frac{1}{2}$ $\frac{2}{3}$ $\frac{1}{3}$ $\frac{7}{12}$

4 Bruchschreibweise zeichnen 2 $\frac{3}{4}$

❶ Teile jedes Quadrat (das Ganze). Färbe die angegebenen Bruchteile.
Beispiel: $\frac{4}{9}$, also das Ganze in 9 Felder teilen und 4 Felder einfärben.

a) b) c)
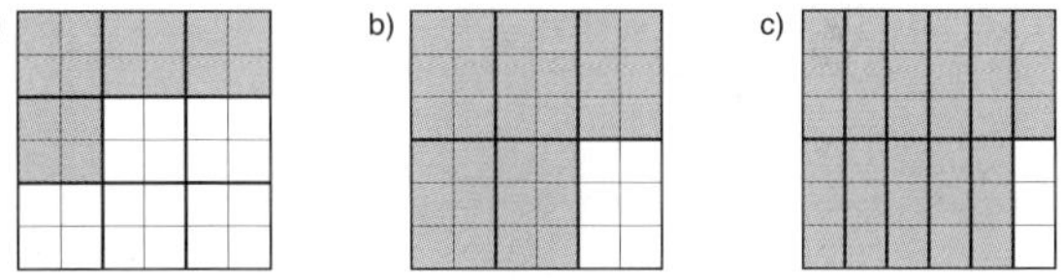

$\frac{4}{9}$ $\frac{5}{6}$ $\frac{11}{12}$

❷ Teile die Rechtecke auf 3 unterschiedliche Arten in Achtel ein.
Färbe jeweils drei Teile.

a) b) c)
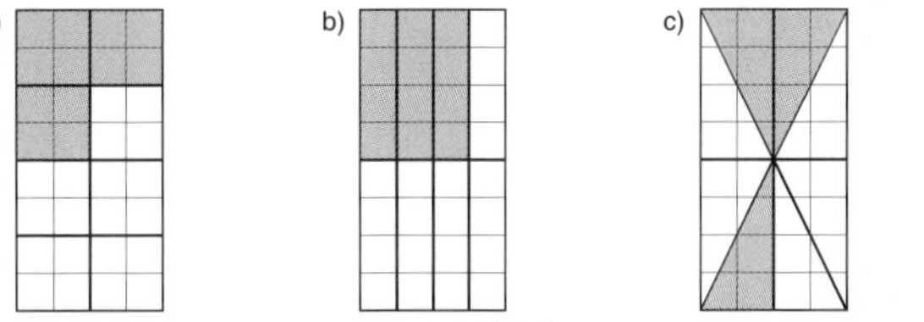

Die Bruchzahl zu jedem Rechteck heißt: $\frac{3}{8}$

❸ Färbe innerhalb der Figuren die angegebenen Bruchteile.
Teile die Figur zuvor ein.

a) b) c) d)
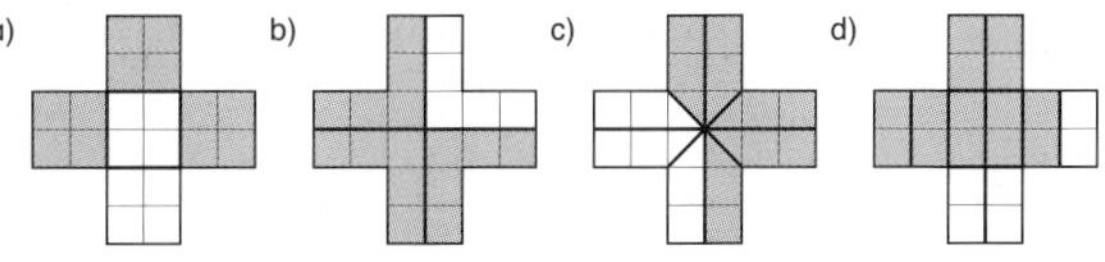

$\frac{3}{5}$ $\frac{3}{4}$ $\frac{5}{8}$ $\frac{7}{10}$

Lösungen

5 Gemischte Schreibweise 1 ($\frac{3}{4}$)

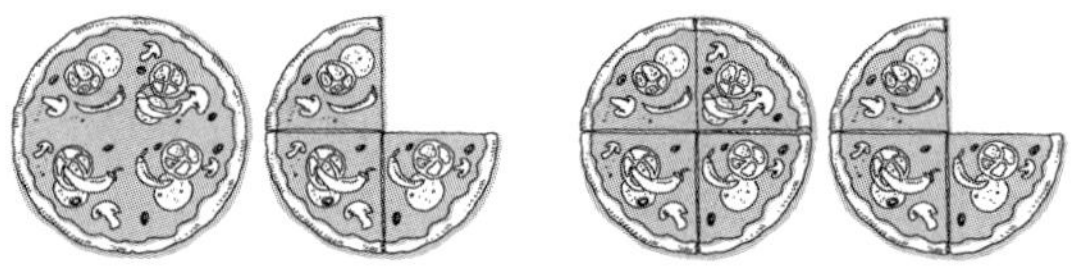

$1\frac{3}{4}$ Pizza = $\frac{7}{4}$ Pizza

❶ Wie heißen die abgebildeten Bruchteile? Schreibe in gemischter Schreibweise und als Bruchzahl.

a) $2\frac{1}{2} = \frac{5}{2}$

b) $3\frac{1}{4} = \frac{13}{4}$

c) $3\frac{3}{8} = \frac{27}{8}$

d) $4\frac{3}{4} = \frac{19}{4}$

e) $2\frac{4}{10} = \frac{24}{10}$

f) $2\frac{9}{13} = \frac{35}{13}$

❷ Färbe die angegebenen Bruchteile. Schreibe auch in gemischter Schreibweise.

a) $\frac{10}{4} = 2\frac{2}{4}$

b) $\frac{26}{8} = 3\frac{2}{8}$

6 Gemischte Schreibweise 2 ($\frac{3}{4}$)

$\frac{8}{4} = 2$

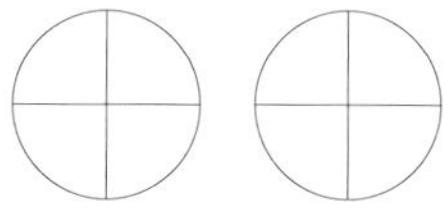

❶ Gib die Bruchzahlen als ganze Zahlen an.

a) $\frac{4}{2} = 2$; $\frac{12}{6} = 2$

b) $\frac{6}{3} = 2$; $\frac{20}{4} = 5$

c) $\frac{15}{5} = 3$; $\frac{70}{10} = 7$

d) $\frac{9}{3} = 3$; $\frac{21}{7} = 3$

e) $\frac{10}{2} = 5$; $\frac{63}{9} = 7$

❷ Färbe die angegebenen Bruchteile. Schreibe auch als Bruchzahl.

a) $1\frac{3}{4} = \frac{7}{4}$

b) $2\frac{1}{2} = \frac{5}{2}$

c) $2\frac{5}{8} = \frac{21}{8}$

d) $1\frac{7}{16} = \frac{23}{16}$

❸ Schreibe als Bruchzahl oder in gemischter Schreibweise.

a) $2\frac{1}{4} = \frac{9}{4}$; $5\frac{1}{3} = \frac{16}{3}$; $4\frac{1}{2} = \frac{9}{2}$; $9\frac{5}{6} = \frac{59}{6}$

b) $\frac{10}{8} = 1\frac{2}{8}$; $\frac{13}{6} = 2\frac{1}{6}$; $\frac{15}{4} = 3\frac{3}{4}$; $\frac{23}{5} = 4\frac{3}{5}$

c) $7\frac{4}{12} = \frac{88}{12}$; $\frac{21}{5} = 4\frac{1}{5}$; $\frac{44}{10} = 4\frac{4}{10}$; $5\frac{6}{7} = \frac{41}{7}$

d) $\frac{37}{9} = 4\frac{1}{9}$; $\frac{61}{7} = 8\frac{5}{7}$; $13\frac{5}{7} = \frac{96}{7}$; $12\frac{3}{10} = \frac{123}{10}$

7 Brüche erweitern 1

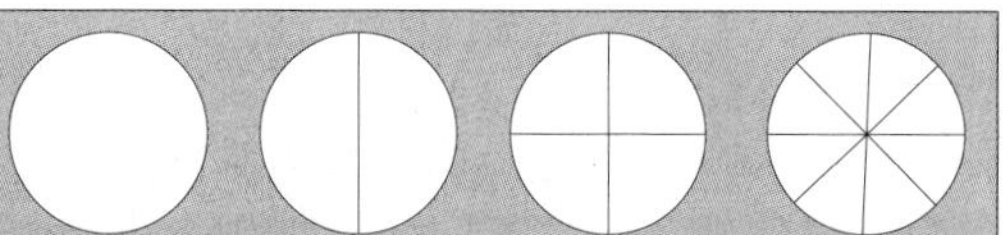

$1 = \frac{1}{1} = \frac{2}{2} = \frac{4}{4} = \frac{8}{8}$

Beim Erweitern eines Bruches ändert sich sein Wert nicht.

❶ Bestimme die erweiterten Brüche.

a) $\frac{1}{2} = \frac{4}{8}$

b) $\frac{1}{3} = \frac{2}{6}$

c) $\frac{1}{2} = \frac{2}{4}$

d) $\frac{2}{5} = \frac{4}{10}$

e) $\frac{4}{6} = \frac{8}{12}$

f) $\frac{3}{3} = \frac{6}{6}$

g) $\frac{2}{3} = \frac{6}{9}$

h) $\frac{2}{4} = \frac{4}{8}$

i) $\frac{6}{10} = \frac{12}{20}$

❷ Setze richtig ein: mehr – gleich – kleiner.

Der Wert eines Bruches bleibt beim Erweitern gleich.

Es werden mehr Teile, dafür werden sie aber kleiner.

8 Brüche erweitern 2

Beim Erweitern eines Bruches werden Zähler und Nenner mit der gleichen Zahl mal genommen:

$\frac{1}{2} \xrightarrow{\cdot 2} \frac{2}{4}$; $\frac{1}{2} \xrightarrow{\cdot 4} \frac{4}{8}$; $\frac{1}{2} \xrightarrow{\cdot 8} \frac{8}{16}$

Schreibweise: $\frac{1}{2} = \frac{1 \cdot 2}{2 \cdot 2} = \frac{2}{4}$

❶ Berechne das Ergebnis.

a) $\frac{1 \cdot 2}{4 \cdot 2} = \frac{2}{8}$

b) $\frac{2 \cdot 3}{3 \cdot 3} = \frac{6}{9}$

c) $\frac{4 \cdot 2}{5 \cdot 2} = \frac{8}{10}$

d) $\frac{3 \cdot 3}{7 \cdot 3} = \frac{9}{21}$

e) $\frac{5 \cdot 2}{10 \cdot 2} = \frac{10}{20}$

f) $\frac{10 \cdot 6}{11 \cdot 6} = \frac{60}{66}$

g) $\frac{7 \cdot 5}{8 \cdot 5} = \frac{35}{40}$

h) $\frac{4 \cdot 7}{9 \cdot 7} = \frac{28}{63}$

i) $\frac{10 \cdot 4}{25 \cdot 4} = \frac{40}{100}$

j) $\frac{12 \cdot 5}{14 \cdot 5} = \frac{60}{70}$

❷ Mit welcher Zahl wurde erweitert? Setze ein.

a) $\frac{3}{3} \xrightarrow{\cdot 3} \frac{9}{9}$

b) $\frac{3}{4} \xrightarrow{\cdot 2} \frac{6}{8}$

c) $\frac{4}{5} \xrightarrow{\cdot 5} \frac{20}{25}$

d) $\frac{3}{8} \xrightarrow{\cdot 4} \frac{12}{32}$

e) $\frac{17}{24} \xrightarrow{\cdot 2} \frac{34}{48}$

f) $\frac{12}{31} \xrightarrow{\cdot 3} \frac{36}{93}$

g) $\frac{6}{8} \xrightarrow{\cdot 8} \frac{48}{64}$

h) $\frac{13}{19} \xrightarrow{\cdot 4} \frac{52}{76}$

i) $\frac{21}{27} \xrightarrow{\cdot 5} \frac{105}{135}$

Lösungen

9 Brüche erweitern 3

1 a) Erweitere die Brüche mit 2.

$\frac{1}{2} = \frac{1 \cdot 2}{2 \cdot 2} = \frac{2}{4}$ $\frac{2}{3} = \frac{2 \cdot 2}{3 \cdot 2} = \frac{4}{6}$ $\frac{4}{9} = \frac{4 \cdot 2}{9 \cdot 2} = \frac{8}{18}$

$\frac{2}{5} = \frac{2 \cdot 2}{5 \cdot 2} = \frac{4}{10}$ $\frac{10}{20} = \frac{10 \cdot 2}{20 \cdot 2} = \frac{20}{40}$ $\frac{1}{7} = \frac{1 \cdot 2}{7 \cdot 2} = \frac{2}{14}$

$\frac{3}{9} = \frac{3 \cdot 2}{9 \cdot 2} = \frac{6}{18}$ $\frac{5}{8} = \frac{5 \cdot 2}{8 \cdot 2} = \frac{10}{16}$ $\frac{12}{17} = \frac{12 \cdot 2}{17 \cdot 2} = \frac{24}{34}$

$\frac{13}{14} = \frac{13 \cdot 2}{14 \cdot 2} = \frac{26}{28}$ $\frac{27}{56} = \frac{27 \cdot 2}{56 \cdot 2} = \frac{54}{112}$ $\frac{25}{50} = \frac{25 \cdot 2}{50 \cdot 2} = \frac{50}{100}$

b) Erweitere die Brüche mit 5.

$\frac{2}{5} = \frac{2 \cdot 5}{5 \cdot 5} = \frac{10}{25}$ $\frac{1}{8} = \frac{1 \cdot 5}{8 \cdot 5} = \frac{5}{40}$ $\frac{4}{7} = \frac{4 \cdot 5}{7 \cdot 5} = \frac{20}{35}$

$\frac{2}{6} = \frac{2 \cdot 5}{6 \cdot 5} = \frac{10}{30}$ $\frac{10}{11} = \frac{10 \cdot 5}{11 \cdot 5} = \frac{50}{55}$ $\frac{7}{8} = \frac{7 \cdot 5}{8 \cdot 5} = \frac{35}{40}$

$\frac{5}{9} = \frac{5 \cdot 5}{9 \cdot 5} = \frac{25}{45}$ $\frac{10}{12} = \frac{10 \cdot 5}{12 \cdot 5} = \frac{50}{60}$ $\frac{5}{100} = \frac{5 \cdot 5}{100 \cdot 5} = \frac{25}{500}$

$\frac{9}{11} = \frac{9 \cdot 5}{11 \cdot 5} = \frac{45}{55}$ $\frac{17}{19} = \frac{17 \cdot 5}{19 \cdot 5} = \frac{85}{95}$ $\frac{20}{25} = \frac{20 \cdot 5}{25 \cdot 5} = \frac{100}{125}$

2 Verwandle alle Brüche in Achtel.

a) $\frac{1}{2} = \frac{1 \cdot 4}{2 \cdot 4} = \frac{4}{8}$ b) $\frac{3}{4} = \frac{3 \cdot 2}{4 \cdot 2} = \frac{6}{8}$ c) $\frac{5}{8} = \frac{5 \cdot 1}{8 \cdot 1} = \frac{5}{8}$

d) $\frac{2}{2} = \frac{2 \cdot 4}{2 \cdot 4} = \frac{8}{8}$ e) $\frac{7}{8} = \frac{7 \cdot 1}{8 \cdot 1} = \frac{7}{8}$ f) $\frac{1}{4} = \frac{1 \cdot 2}{4 \cdot 2} = \frac{2}{8}$

3 Setze die fehlenden Zahlen ein.

a) $\frac{2}{3} = \frac{2 \cdot 4}{3 \cdot 4} = \frac{8}{12}$ b) $\frac{4}{5} = \frac{4 \cdot 5}{5 \cdot 5} = \frac{20}{25}$ c) $\frac{1}{3} = \frac{1 \cdot 7}{3 \cdot 7} = \frac{7}{21}$

d) $\frac{7}{8} = \frac{7 \cdot 6}{8 \cdot 6} = \frac{42}{48}$ e) $\frac{9}{10} = \frac{9 \cdot 10}{10 \cdot 10} = \frac{90}{100}$ f) $\frac{7}{9} = \frac{7 \cdot 8}{9 \cdot 8} = \frac{56}{72}$

g) $\frac{21}{56} = \frac{21 \cdot 2}{56 \cdot 2} = \frac{42}{112}$ h) $\frac{13}{19} = \frac{13 \cdot 7}{19 \cdot 7} = \frac{91}{133}$ i) $\frac{14}{17} = \frac{14 \cdot 13}{17 \cdot 13} = \frac{182}{221}$

10 Brüche kürzen 1

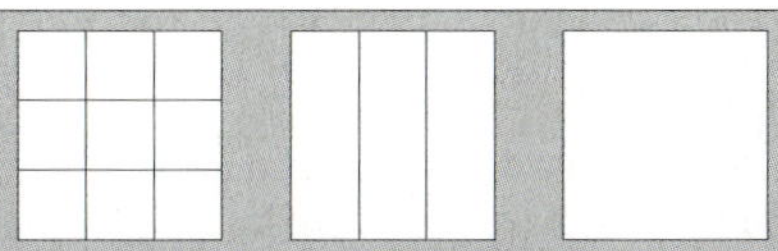

$\frac{9}{9} = \frac{3}{3} = \frac{1}{1} = 1$

Der Wert eines Bruches ändert sich auch beim Kürzen nicht.

1 Bestimme die gekürzten Brüche.

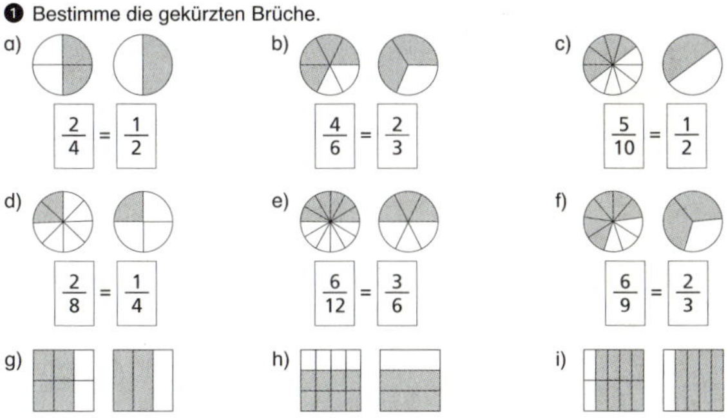

a) $\frac{2}{4} = \frac{1}{2}$ b) $\frac{4}{6} = \frac{2}{3}$ c) $\frac{5}{10} = \frac{1}{2}$

d) $\frac{2}{8} = \frac{1}{4}$ e) $\frac{6}{12} = \frac{3}{6}$ f) $\frac{6}{9} = \frac{2}{3}$

g) $\frac{4}{6} = \frac{2}{3}$ h) $\frac{8}{12} = \frac{2}{3}$ i) $\frac{8}{10} = \frac{4}{5}$

2 Setze richtig ein: größer – gleich – weniger.

Der Wert eines Bruches bleibt beim Kürzen ___gleich___.

Es werden ___weniger___ Teile, dafür werden sie aber ___größer___.

11 Brüche kürzen 2

Beim Kürzen eines Bruches werden Zähler und Nenner durch die gleiche Zahl geteilt:

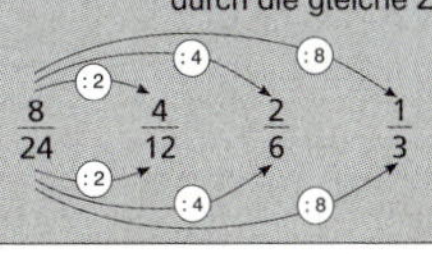

Schreibweise: $\frac{8}{24} = \frac{8 : 2}{24 : 2} = \frac{4}{12}$

1 Berechne das Ergebnis.

a) $\frac{4 : 2}{8 : 2} = \frac{2}{4}$ b) $\frac{5 : 5}{10 : 5} = \frac{1}{2}$ c) $\frac{6 : 2}{8 : 2} = \frac{3}{4}$ d) $\frac{8 : 4}{20 : 4} = \frac{2}{5}$

e) $\frac{6 : 2}{10 : 2} = \frac{3}{5}$ f) $\frac{3 : 3}{9 : 3} = \frac{1}{3}$ g) $\frac{7 : 7}{21 : 7} = \frac{1}{3}$ h) $\frac{25 : 5}{50 : 5} = \frac{5}{10}$

i) $\frac{64 : 8}{48 : 8} = \frac{8}{6}$ j) $\frac{75 : 25}{100 : 25} = \frac{3}{4}$

2 Mit welcher Zahl wurde gekürzt? Setze ein.

a) $\frac{12}{16} \xrightarrow{:4} \frac{3}{4}$ b) $\frac{10}{15} \xrightarrow{:5} \frac{2}{3}$ c) $\frac{8}{10} \xrightarrow{:2} \frac{4}{5}$

d) $\frac{20}{70} \xrightarrow{:10} \frac{2}{7}$ e) $\frac{15}{21} \xrightarrow{:3} \frac{5}{7}$ f) $\frac{14}{56} \xrightarrow{:14} \frac{1}{4}$

g) $\frac{49}{63} \xrightarrow{:7} \frac{7}{9}$ h) $\frac{56}{78} \xrightarrow{:2} \frac{28}{39}$ i) $\frac{39}{63} \xrightarrow{:3} \frac{13}{21}$

12 Brüche kürzen 3

Manche Brüche kann man mehrmals kürzen.

$\frac{24}{36} \xrightarrow{:2} \frac{12}{18} \xrightarrow{:3} \frac{4}{6} \xrightarrow{:2} \frac{2}{3}$

In einem Schritt: $\frac{24}{36} \xrightarrow{:12} \frac{2}{3}$

1 Kürze die Brüche schrittweise.

a) $\frac{4}{12} = \frac{4 : 2}{12 : 2} = \frac{2}{6} = \frac{2 : 2}{6 : 2} = \frac{1}{3}$

b) $\frac{10}{40} = \frac{10 : 2}{40 : 2} = \frac{5}{20} = \frac{5 : 5}{20 : 5} = \frac{1}{4}$

c) $\frac{36}{36} = \frac{36 : 2}{36 : 2} = \frac{18}{18} = \frac{18 : 2}{18 : 2} = \frac{9}{9} = \frac{9 : 3}{9 : 3} = \frac{3}{3} = \frac{3 : 3}{3 : 3} = \frac{1}{1} = 1$

d) $\frac{4}{16} = \frac{4 : 2}{16 : 2} = \frac{2}{8} = \frac{2 : 2}{8 : 2} = \frac{1}{4}$

e) $\frac{6}{30} = \frac{6 : 2}{30 : 2} = \frac{3}{15} = \frac{3 : 3}{15 : 3} = \frac{1}{5}$

f) $\frac{9}{27} = \frac{9 : 3}{27 : 3} = \frac{3}{9} = \frac{3 : 3}{9 : 3} = \frac{1}{4}$ 3

2 Kürze die Brüche durch die größtmögliche Zahl.

a) $\frac{10}{30} = \frac{10 : 10}{30 : 10} = \frac{1}{3}$ b) $\frac{40}{50} = \frac{40 : 10}{50 : 10} = \frac{4}{5}$ c) $\frac{49}{56} = \frac{49 : 7}{56 : 7} = \frac{7}{8}$

d) $\frac{8}{20} = \frac{8 : 4}{20 : 4} = \frac{2}{5}$ e) $\frac{10}{45} = \frac{10 : 5}{45 : 5} = \frac{2}{9}$ f) $\frac{12}{30} = \frac{12 : 6}{30 : 6} = \frac{2}{5}$

g) $\frac{24}{56} = \frac{24 : 8}{56 : 8} = \frac{3}{7}$ h) $\frac{66}{88} = \frac{66 : 22}{88 : 22} = \frac{3}{4}$ i) $\frac{34}{51} = \frac{34 : 17}{51 : 17} = \frac{2}{3}$

3 Kürze die Brüche so weit wie möglich.

a) $\frac{12}{36} = \frac{1}{3}$ b) $\frac{8}{36} = \frac{2}{9}$ c) $\frac{21}{42} = \frac{1}{2}$

4 Schreibe vier Brüche auf, die man nicht kürzen kann.

$\frac{1}{2}$ $\frac{2}{3}$ $\frac{3}{4}$ $\frac{7}{9}$ (Beispiellösung)

Lösungen

13 Brüche erweitern und kürzen 1

❶ Mit welcher Zahl wurde gekürzt bzw. erweitert?

a)
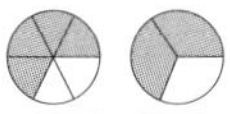

$\frac{4}{6} = \frac{2}{3}$

Hier wurde mit 2 gekürzt.

b)
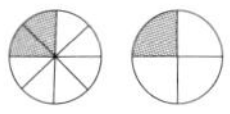

$\frac{2}{8} = \frac{1}{4}$

Hier wurde mit 2 gekürzt.

c)
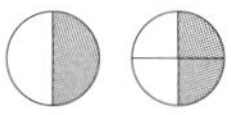

$\frac{1}{2} = \frac{2}{4}$

Hier wurde mit 2 erweitert.

d)
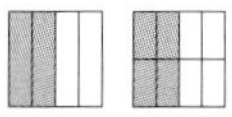

$\frac{2}{4} = \frac{4}{8}$

Hier wurde mit 2 erweitert.

e)
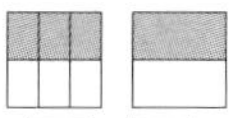

$\frac{3}{6} = \frac{1}{2}$

Hier wurde mit 3 gekürzt.

f)
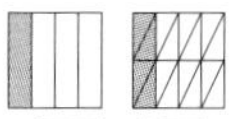

$\frac{1}{4} = \frac{4}{16}$

Hier wurde mit 4 erweitert.

❷ Setze die fehlenden Zahlen ein.

a) $\frac{3}{7} = \frac{3 \cdot 2}{7 \cdot 2} = \frac{6}{14}$ b) $\frac{7}{12} = \frac{7 \cdot 3}{12 \cdot 3} = \frac{21}{36}$ c) $\frac{6}{8} = \frac{6 : 2}{8 : 2} = \frac{3}{4}$

d) $\frac{12}{16} = \frac{12 : 4}{16 : 4} = \frac{3}{4}$ e) $\frac{5}{9} = \frac{5 \cdot 8}{9 \cdot 8} = \frac{40}{72}$ f) $\frac{81}{108} = \frac{81 : 9}{108 : 9} = \frac{9}{12}$

g) $\frac{2}{7} = \frac{2 \cdot 4}{7 \cdot 4} = \frac{8}{28}$ h) $\frac{2}{3} = \frac{2 \cdot 11}{3 \cdot 11} = \frac{22}{33}$ i) $\frac{42}{72} = \frac{42 : 6}{72 : 6} = \frac{7}{12}$

18 K. Becker/E. Iaccarino: Bruchrechnung in kleinen Schritten – Band 2 © Persen Verlag GmbH, Buxtehude

14 Brüche erweitern und kürzen 2

❶ Mit welcher Zahl wurde gekürzt bzw. erweitert? Setze ein.

a) $\frac{2}{3} = \frac{4}{6}$ (·2) b) $\frac{3}{18} = \frac{1}{6}$ (:3) c) $\frac{7}{8} = \frac{21}{24}$ (·3)

d) $\frac{48}{72} = \frac{6}{9}$ (:8) e) $\frac{42}{99} = \frac{14}{33}$ (:3) f) $\frac{5}{13} = \frac{20}{52}$ (·4)

❷ Setze die fehlenden Zahlen ein.

a) $\frac{1}{4} = \frac{4}{16}$ (·4) b) $\frac{26}{130} = \frac{2}{10}$ (:13) c) $\frac{5}{18} = \frac{15}{54}$ (·3)

d) $\frac{1}{7} = \frac{7}{49}$ (·7) e) $\frac{64}{88} = \frac{8}{11}$ (:8) f) $\frac{12}{3} = \frac{72}{18}$ (·6)

❸ Bestimme die Erweiterungs- bzw. Kürzungszahl.

a) $\frac{2}{7} = \frac{10}{35}$ ⇒ Erweiterungszahl 5 b) $\frac{3}{4} = \frac{9}{12}$ ⇒ Erweiterungszahl 3

c) $\frac{120}{130} = \frac{12}{13}$ ⇒ Kürzungszahl 10 d) $\frac{12}{36} = \frac{3}{9}$ ⇒ Kürzungszahl 4

e) $\frac{44}{16} = \frac{11}{4}$ ⇒ Kürzungszahl 4 f) $\frac{3}{4} = \frac{39}{52}$ ⇒ Erweiterungszahl 13

K. Becker/E. Iaccarino: Bruchrechnung in kleinen Schritten – Band 2 © Persen Verlag GmbH, Buxtehude 19

15 Brüche erweitern und kürzen 3

❶ Welche Brüche wurden falsch erweitert oder gekürzt? Korrigiere falsche Ergebnisse.

a) $\frac{16}{32} = \frac{4}{8}$ b) $\frac{15}{25} = \frac{3}{\cancel{6}\ 5}$ c) $\frac{18}{90} = \frac{2}{10}$

d) $\frac{2}{7} = \frac{6}{21}$ e) $\frac{5}{6} = \frac{40}{\cancel{36}\ 48}$ oder $\frac{\cancel{40}\ 30}{36}$ f) $\frac{1}{13} = \frac{4}{\cancel{39}\ 52}$ oder $\frac{\cancel{4}\ 3}{39}$

❷ Erweitere bzw. kürze so, dass der Nenner des Ergebnisses immer 6 ist.

a) $\frac{1}{2} = \frac{1 \cdot 3}{2 \cdot 3} = \frac{3}{6}$ b) $\frac{4}{12} = \frac{4 : 2}{12 : 2} = \frac{2}{6}$ c) $\frac{4}{2} = \frac{4 \cdot 3}{2 \cdot 3} = \frac{12}{6}$

d) $\frac{16}{24} = \frac{16 : 4}{24 : 4} = \frac{4}{6}$ e) $\frac{40}{60} = \frac{40 : 10}{60 : 10} = \frac{4}{6}$ f) $\frac{80}{120} = \frac{80 : 20}{120 : 20} = \frac{4}{6}$

g) $\frac{3}{3} = \frac{3 \cdot 2}{3 \cdot 2} = \frac{6}{6}$ h) $\frac{5}{6} = \frac{5 \cdot 1}{6 \cdot 1} = \frac{5}{6}$ i) $\frac{24}{36} = \frac{24 : 6}{36 : 6} = \frac{4}{6}$

❸ Kürze die Brüche so weit wie möglich. Du kannst schrittweise vorgehen.

a) $\frac{14}{28} = \frac{1}{2}$ b) $\frac{64}{80} = \frac{4}{5}$ c) $\frac{6}{36} = \frac{1}{6}$

❹ Setze die fehlenden Zahlen ein.

a) $\frac{9}{12} = \frac{3}{4} = \frac{12}{16} = \frac{24}{32}$ b) $\frac{20}{50} = \frac{10}{25} = \frac{2}{5} = \frac{12}{30}$

c) $\frac{3}{7} = \frac{9}{21} = \frac{18}{42} = \frac{6}{14}$ d) $\frac{4}{3} = \frac{8}{6} = \frac{48}{36} = \frac{16}{12}$

20 K. Becker/E. Iaccarino: Bruchrechnung in kleinen Schritten – Band 2 © Persen Verlag GmbH, Buxtehude

16 Brüche ordnen 1

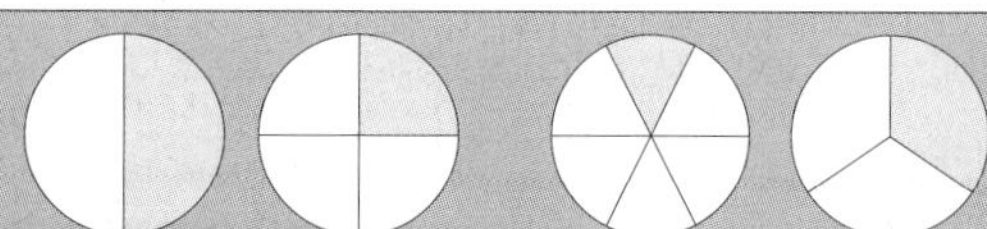

$\frac{1}{2}$ > $\frac{1}{4}$ $\frac{1}{6}$ < $\frac{1}{3}$

Ein halbes Stück ist größer als ein Viertelstück. Ein Sechstelstück ist kleiner als ein Drittelstück.

❶ Setze die richtigen Zeichen (>, <, =).

a)
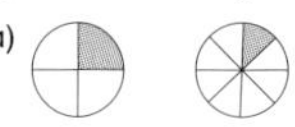

$\frac{1}{4}$ > $\frac{1}{8}$

b)
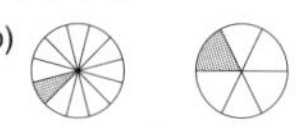

$\frac{1}{12}$ < $\frac{1}{6}$

c)
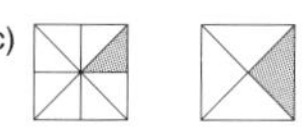

$\frac{1}{8}$ < $\frac{1}{4}$

d)
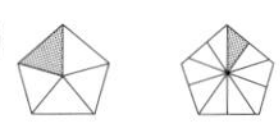

$\frac{1}{5}$ > $\frac{1}{10}$

e)
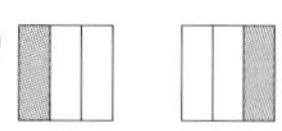

$\frac{1}{3}$ = $\frac{1}{3}$

f)
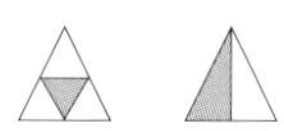

$\frac{1}{4}$ < $\frac{1}{2}$

❷ Setze die richtigen Zeichen (>, <, =). Färbe die angegebenen Bruchteile.

a)
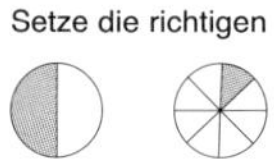

$\frac{1}{2}$ > $\frac{1}{8}$

b)
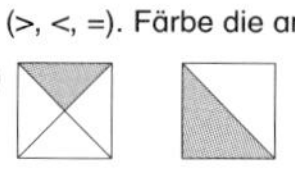

$\frac{1}{4}$ < $\frac{1}{2}$

c)
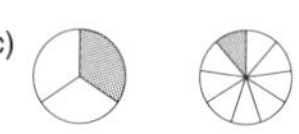

$\frac{1}{3}$ > $\frac{1}{9}$

❸ Setze die richtigen Zeichen (>, <, =). Gib die Bruchzahlen an.

a)
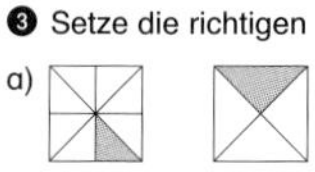

$\frac{1}{8}$ < $\frac{1}{4}$

b)
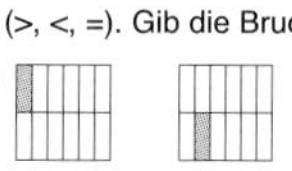

$\frac{1}{12}$ = $\frac{1}{12}$

c)
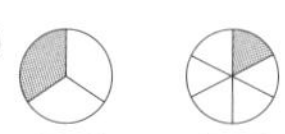

$\frac{1}{3}$ > $\frac{1}{6}$

K. Becker/E. Iaccarino: Bruchrechnung in kleinen Schritten – Band 2 © Persen Verlag GmbH, Buxtehude 21

Lösungen

17 Brüche ordnen 2

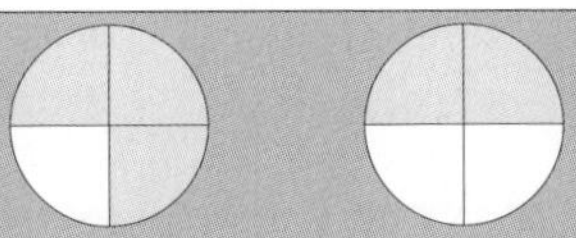

$\frac{3}{4}$ > $\frac{2}{4}$

Bei Brüchen mit gleichen Nennern ist der Bruch mit dem größeren Zähler der größere Bruch.

❶ Setze die richtigen Zeichen (>, <, =).

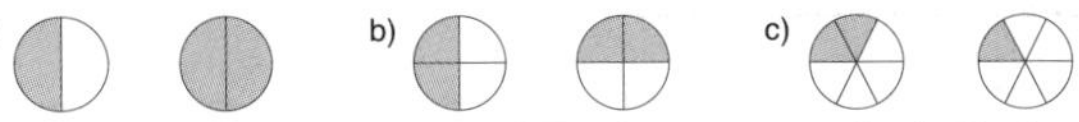

a) $\frac{1}{2}$ < $\frac{2}{2}$ b) $\frac{2}{4}$ = $\frac{2}{4}$ c) $\frac{2}{6}$ > $\frac{1}{6}$

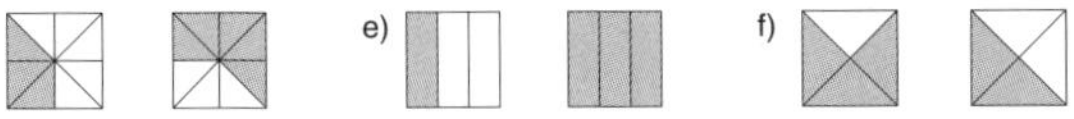

d) $\frac{3}{8}$ < $\frac{5}{8}$ e) $\frac{1}{3}$ < $\frac{3}{3}$ f) $\frac{3}{4}$ > $\frac{2}{4}$

❷ Setze die richtigen Zeichen (>, <, =).

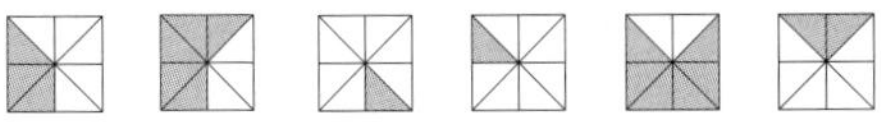

$\frac{3}{8}$ < $\frac{5}{8}$ > $\frac{1}{8}$ = $\frac{1}{8}$ < $\frac{6}{8}$ > $\frac{2}{8}$

❸ Setze die richtigen Zeichen (>, <, =).

a) $\frac{1}{3}$ < $\frac{2}{3}$ b) $\frac{3}{12}$ < $\frac{11}{12}$ c) $\frac{4}{9}$ > $\frac{2}{9}$ d) $\frac{5}{8}$ < $\frac{7}{8}$

e) $\frac{5}{7}$ < $\frac{6}{7}$ f) $\frac{27}{32}$ = $\frac{27}{32}$ g) $\frac{11}{13}$ < $\frac{13}{13}$ h) $\frac{17}{56}$ > $\frac{3}{56}$

18 Brüche ordnen 3

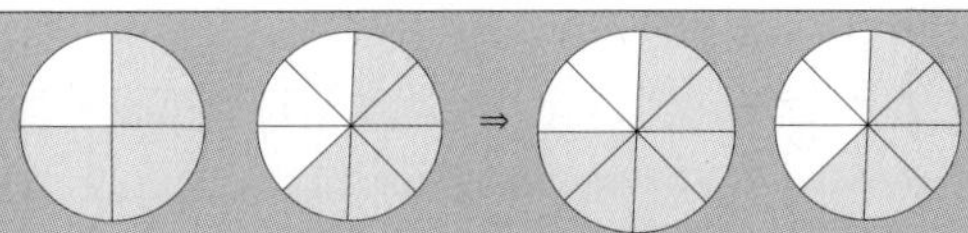

$\frac{3}{4}$? $\frac{5}{8}$ ⇒ $\frac{3 \cdot 2}{4 \cdot 2} = \frac{6}{8}$ > $\frac{5}{8}$

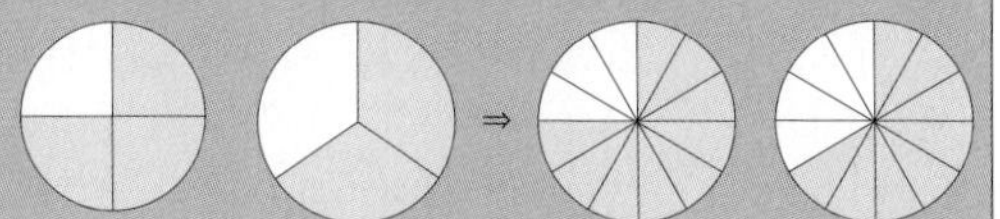

$\frac{3}{4}$? $\frac{2}{3}$ ⇒ $\frac{3 \cdot 3}{4 \cdot 3} = \frac{9}{12}$ > $\frac{2 \cdot 4}{3 \cdot 4} = \frac{8}{12}$

Brüche mit unterschiedlichen Nennern und Zählern müssen erst auf einen gemeinsamen Nenner erweitert werden.

❶ Erweitere auf einen gemeinsamen Nenner. Setze dann das richtige Zeichen (>, <, =).

a) $\frac{1}{2}$ = $\frac{2}{4}$ ⇒ $\frac{1 \cdot 2}{2 \cdot 2} = \frac{2}{4}$ = $\frac{2}{4}$

b) $\frac{2}{3}$ > $\frac{4}{9}$ ⇒ $\frac{2 \cdot 3}{3 \cdot 3} = \frac{6}{9}$ > $\frac{4}{9}$

c) $\frac{2}{5}$ > $\frac{3}{10}$ ⇒ $\frac{2 \cdot 2}{5 \cdot 2} = \frac{4}{10}$ > $\frac{3}{10}$

d) $\frac{3}{4}$ = $\frac{6}{8}$ ⇒ $\frac{3 \cdot 2}{4 \cdot 2} = \frac{6}{8}$ = $\frac{6}{8}$

e) $\frac{1}{3}$ < $\frac{5}{6}$ ⇒ $\frac{1 \cdot 2}{3 \cdot 2} = \frac{2}{6}$ < $\frac{5}{6}$

f) $\frac{7}{10}$ > $\frac{3}{20}$ ⇒ $\frac{7 \cdot 2}{10 \cdot 2} = \frac{14}{20}$ > $\frac{3}{20}$

❷ Erweitere auf einen gemeinsamen Nenner. Setze dann das richtige Zeichen (>, <, =).

a) $\frac{1}{3}$ < $\frac{2}{4}$ b) $\frac{3}{7}$ < $\frac{2}{2}$ c) $\frac{2}{3}$ < $\frac{4}{5}$

d) $\frac{5}{6}$ > $\frac{3}{5}$ e) $\frac{3}{8}$ < $\frac{2}{3}$ f) $\frac{3}{4}$ < $\frac{5}{6}$

19 Brüche als Maßzahlen 1

Brüche werden oft genutzt, um Größen zu beschreiben oder Mengen anzugeben. Sie werden als Maßzahlen benutzt.

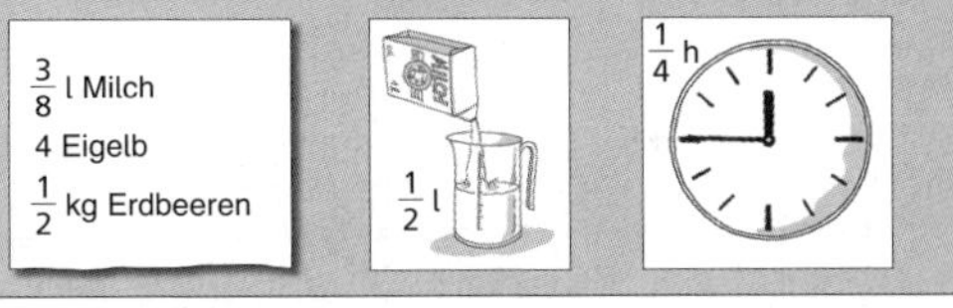

❶ Bestimme die Maßzahlen und notiere sie als Bruch. Vergiss die Einheiten nicht.

a)  $\frac{1}{2}$ h

b)  $\frac{1}{5}$ l

c)  $\frac{3}{4}$ m

d)  $\frac{7}{10}$ l

e)  $\frac{8}{12}$ h

f) 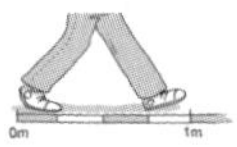 $\frac{1}{1}$ m

❷ Frau Müller probiert ein neues Suppenrezept aus. Sie braucht $\frac{1}{2}$ l Hühnerbrühe und $\frac{1}{10}$ l Sahne.

a) Welcher Messbecher enthält die Brühe, welcher die Sahne?

Sahne: 2 Brühe: 4

b) Wie viel l enthalten die übrigen Messbecher?

Becher 1 enthält $\frac{3}{10}$ l. Becher 3 enthält $\frac{7}{10}$ l.

20 Brüche als Maßzahlen 2

Maßzahlen wie $\frac{1}{4}$ kg, $\frac{3}{4}$ m, $\frac{1}{2}$ h ... kann man in andere Maßeinheiten umrechnen.

Beispiel: a) $\frac{1}{4}$ m in cm umrechnen:

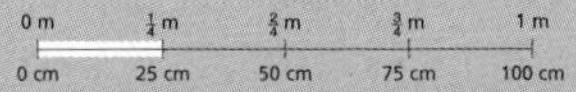

$\frac{1}{4}$ m = 100 cm : 4 · 1 = 25 cm

b) $\frac{3}{4}$ m in cm umrechnen:

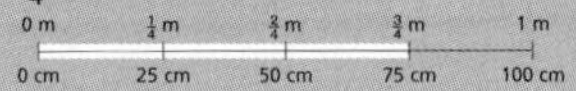

$\frac{3}{4}$ m = 100 cm : 4 · 3 = 75 cm

❶ Rechne in cm um. 1 m = 100 cm

a) $\frac{1}{2}$ m = 100 cm : 2 · 1 = 50 cm b) $\frac{3}{10}$ m = 100 cm : 10 · 3 = 30 cm

c) $\frac{3}{4}$ m = 100 cm : 4 · 3 = 75 cm d) $\frac{1}{10}$ m = 100 cm : 10 · 1 = 10 cm

e) $\frac{2}{5}$ m = 100 cm : 5 · 2 = 40 cm f) $\frac{1}{20}$ m = 100 cm : 20 · 1 = 5 cm

❷ Rechne in Minuten um.

1 h = 60 min

$\frac{1}{4}$ h = 60 min : 4 = 15 min 

a) $\frac{1}{4}$ h = 15 min

b) $\frac{1}{6}$ h = 60 min : 6 · 1 = 10 min

c) $\frac{3}{4}$ h = 60 min : 4 · 1 = 45 min

❸ Rechne in die angegebene Einheit um.

1 km = 1000 m
1 kg = 1000 g
1 cm = 10 mm

a) $\frac{1}{2}$ km = 500 m b) $\frac{2}{6}$ h = 20 min

c) $\frac{3}{4}$ kg = 750 g d) $\frac{2}{5}$ cm = 4 mm

e) $\frac{7}{8}$ kg = 875 g f) $\frac{7}{10}$ m = 70 cm

Lösungen

21 Den Bruchteil einer Größe bestimmen 1 $\frac{3}{4}$ l

$\frac{4}{5}$ von 15 cm

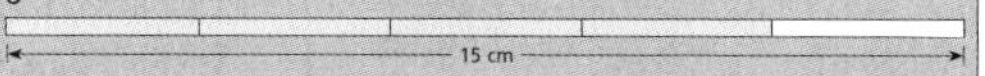

1. Schritt: Die 15 cm werden in 5 (Nenner) gleich große Teile zerlegt.
2. Schritt: Wir nehmen dann 4 (Zähler) dieser Teile.
   3 cm · 4 = 12 cm.

Rechnung mithilfe des Operatormodells:

15 cm —$\cdot\frac{4}{5}$→ 12 cm; 15 cm —: 5→ 3 cm —· 4→ 12 cm

❶ Gib die abgebildeten Bruchteile an. Berechne mithilfe des Operatormodells.

a) 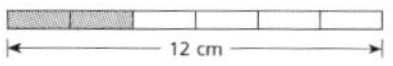

$\frac{2}{6}$ von 12 cm = 4 cm

12 cm —$\cdot\frac{2}{6}$→ 4 cm; 12 cm —: 6→ 2 cm —· 2→ 4 cm

b) 

$\frac{3}{4}$ von 16 km = 12 km

16 km —$\cdot\frac{3}{4}$→ 12 km; 16 km —: 4→ 4 km —· 3→ 12 km

c) 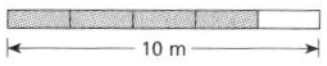

$\frac{4}{5}$ von 10 m = 8 m

10 m —$\cdot\frac{4}{5}$→ 8 m; 10 m —: 5→ 2 m —· 4→ 8 m

d) 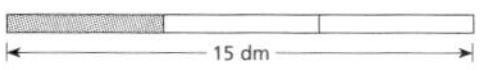

$\frac{1}{3}$ von 15 dm = 5 dm

15 dm —$\cdot\frac{1}{3}$→ 5 dm; 15 dm —: 3→ 5 dm —· 1→ 5 dm

22 Den Bruchteil einer Größe bestimmen 2 $\frac{3}{4}$ l

$\frac{2}{3}$ von 600 g

600 g —$\cdot\frac{2}{3}$→ 400 g; 600 g —: 3→ 200 g —· 2→ 400 g

Um den Bruchteil einer Größe zu bestimmen, teilt man die Größe durch den Nenner und multipliziert das Ergebnis mit dem Zähler.

❶ Ergänze.

a) $\frac{2}{5}$ von 40 g

40 g —$\cdot\frac{2}{5}$→ 16 g; 40 g —: 5→ 8 g —· 2→ 16 g

b) $\frac{3}{4}$ von 36 km

36 km —$\cdot\frac{3}{4}$→ 27 km; 36 km —: 4→ 9 km —· 3→ 27 km

c) $\frac{5}{6}$ von 18 kg

18 kg —$\cdot\frac{5}{6}$→ 15 kg; 18 kg —: 6→ 3 kg —· 5→ 15 kg

d) $\frac{2}{7}$ von 21 l

21 l —$\cdot\frac{2}{7}$→ 6 l; 21 l —: 7→ 3 l —· 2→ 6 l

❷ Sabine ist Auszubildende im 1. Lehrjahr. Ihr monatliches Gehalt beträgt 320 €. $\frac{2}{10}$ von diesen 320 € gibt sie ihrer Mutter für Wohnen und Essen. Wie viel Euro gibt Sabine monatlich an ihre Mutter ab?

320 € ——→ 64 €; 320 € —: 10→ 32 € —· 2→ 64 €

Antwort: Sie gibt monatlich 64 € an ihre Mutter ab.

23 Den Bruchteil einer Größe bestimmen 3 $\frac{3}{4}$ l

❶ Berechne.

a) $\frac{3}{4}$ von 8 kg: 8 kg —$\cdot\frac{3}{4}$→ 6 kg; 8 kg —: 4→ 2 kg —· 3→ 6 kg

b) $\frac{2}{5}$ von 35 m: 35 m —$\cdot\frac{2}{5}$→ 14 m; 35 m —: 5→ 7 m —· 2→ 14 m

c) $\frac{2}{3}$ von 27 l: 27 l —$\cdot\frac{2}{3}$→ 18 l; 27 l —: 3→ 9 l —· 2→ 18 l

d) $\frac{3}{8}$ von 32 €: 32 € —$\cdot\frac{3}{8}$→ 12 €; 32 € —: 8→ 4 € —· 3→ 12 €

❷ Berechne das Ergebnis im Kopf.

a) $\frac{1}{4}$ von 20 € = 5 € b) $\frac{3}{7}$ von 14 l = 6 l c) $\frac{3}{5}$ von 25 mm = 15 mm

d) $\frac{2}{5}$ von 15 kg = 6 kg e) $\frac{1}{3}$ von 21 m = 7 m f) $\frac{2}{3}$ von 30 km = 20 km

g) $\frac{3}{4}$ von 16 min = 12 min h) $\frac{7}{10}$ von 100 € = 70 € i) $\frac{5}{6}$ von 36 dm = 30 dm

❸ Das Kino „Filmpalast“ hat 300 Plätze. Man kann sich die Filme um 17.00 h, um 20.00 h und um 23.00 h anschauen. Wie viele Karten wurden jeweils verkauft?

a) Um 17:00 Uhr: $\frac{2}{5}$ aller Karten wurden verkauft.
Rechnung: $300 \cdot \frac{2}{5} = 300 : 5 \cdot 2 = 120$
Antwort: Es wurden 120 Karten verkauft.

b) Um 20:00 Uhr: $\frac{5}{6}$ aller Karten wurden verkauft.
Rechnung: $300 \cdot \frac{5}{6} = 300 : 6 \cdot 5 = 250$
Antwort: Es wurden 250 Karten verkauft.

c) Um 23:00 Uhr: $\frac{1}{3}$ aller Karten wurden verkauft.
Rechnung: $300 \cdot \frac{1}{3} = 300 : 3 \cdot 1 = 100$
Antwort: Es wurden 100 Karten verkauft.

24 Brüche mit gleichen Nennern addieren 1 $\frac{2}{3}+\frac{1}{2}$

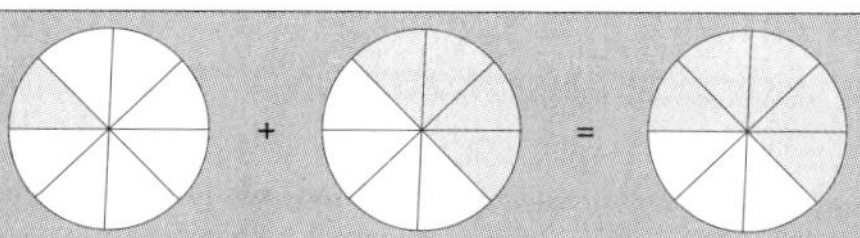

$\frac{1}{8} + \frac{4}{8} = \frac{5}{8}$

Bei der Addition von Brüchen mit gleichen Nennern werden die Zähler addiert. Der Nenner bleibt gleich.

❶ Gib das Ergebnis an und färbe die entsprechenden Bruchteile.

a) 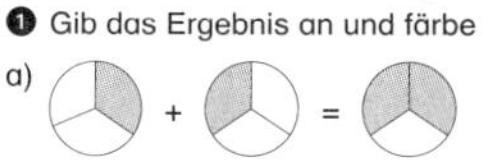

$\frac{1}{3} + \frac{1}{3} = \frac{2}{3}$

b) 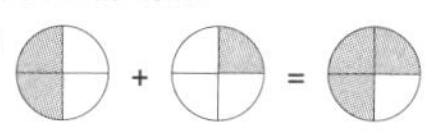

$\frac{2}{4} + \frac{1}{4} = \frac{3}{4}$

c) 

$\frac{1}{6} + \frac{4}{6} = \frac{5}{6}$

d) 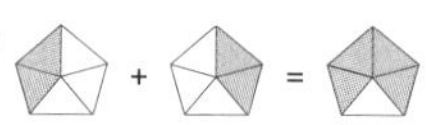

$\frac{2}{5} + \frac{2}{5} = \frac{4}{5}$

e) 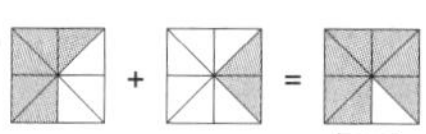

$\frac{5}{8} + \frac{2}{8} = \frac{7}{8}$

f) 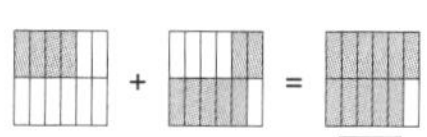

$\frac{4}{12} + \frac{7}{12} = \frac{11}{12}$

g) 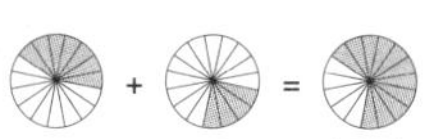

$\frac{7}{16} + \frac{4}{16} = \frac{11}{16}$

h) 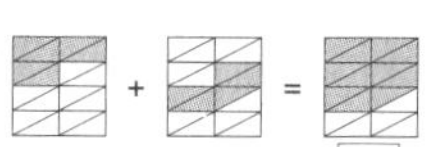

$\frac{6}{16} + \frac{5}{16} = \frac{11}{16}$

Lösungen

25 Brüche mit gleichen Nennern addieren 2

$\frac{2}{3}+\frac{1}{2}$

Bei der Addition von Brüchen mit gleichen Nennern werden die Zähler addiert. Der Nenner bleibt gleich.

❶ Vervollständige die Aufgabe: Gib die Brüche an und färbe die Bruchteile.

a)

$\frac{1}{4} + \frac{2}{4} = \frac{3}{4}$

b)
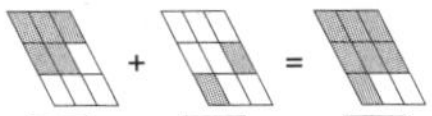

$\frac{5}{9} + \frac{2}{9} = \frac{7}{9}$

c)

$\frac{2}{5} + \frac{1}{5} = \frac{3}{5}$

d)

$\frac{3}{6} + \frac{2}{6} = \frac{5}{6}$

e)
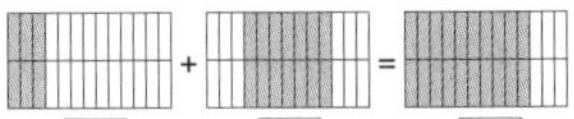

$\frac{6}{26} + \frac{14}{26} = \frac{20}{26}$

f)

$\frac{3}{10} + \frac{4}{10} = \frac{7}{10}$

❷ Berechne das Ergebnis und färbe die Bruchteile.

a) $\frac{1}{3} + \frac{1}{3} = \frac{2}{3}$ b) $\frac{3}{10} + \frac{4}{10} = \frac{7}{10}$

$\frac{5}{9} + \frac{3}{9} = \frac{8}{9}$ $\frac{2}{7} + \frac{4}{7} = \frac{6}{7}$

$\frac{3}{4} + \frac{1}{4} = \frac{4}{4}$ $\frac{3}{12} + \frac{7}{12} = \frac{10}{12}$

26 Brüche mit gleichen Nennern addieren 3

$\frac{2}{3}+\frac{1}{2}$

❶ Setze richtig ein: Nenner – Zähler – gleich.

Brüche mit gleichen Nennern werden addiert, indem man die Zähler addiert und der Nenner gleich bleibt.

❷ Löse die Aufgabe. Kürze das Ergebnis, wenn möglich.

a) $\frac{4}{10} + \frac{2}{10} = \frac{6}{10} = \frac{3}{5}$

$\frac{13}{18} + \frac{11}{18} = \frac{24}{18} = \frac{4}{3}$

$\frac{6}{37} + \frac{23}{37} = \frac{29}{37}$

$\frac{7}{24} + \frac{11}{24} + \frac{4}{24} = \frac{22}{24} = \frac{11}{12}$

b) $\frac{5}{18} + \frac{2}{18} + \frac{7}{18} = \frac{14}{18} = \frac{7}{9}$

$\frac{23}{56} + \frac{18}{56} = \frac{41}{56}$

$\frac{13}{28} + \frac{11}{28} = \frac{27}{28} = \frac{6}{7}$

$\frac{5}{12} + \frac{1}{12} + \frac{1}{12} = \frac{7}{12}$

c) $\frac{12}{35} + \frac{6}{35} + \frac{9}{35} = \frac{27}{35}$

$\frac{27}{49} + \frac{16}{49} = \frac{43}{49}$

$\frac{17}{55} + \frac{9}{55} + \frac{14}{55} = \frac{40}{55} = \frac{8}{11}$

$\frac{23}{64} + \frac{17}{64} = \frac{40}{64} = \frac{5}{8}$

❸ Pauls Mutter stellt nach Pauls Geburtstagsfeier 2 Achtel eines Apfelkuchens, 3 Achtel eines Schokoladenkuchens und 2 Achtel einer Sahnetorte auf einen Teller. Wie viel Achtel sind dies zusammen?

Rechnung: $\frac{2}{8} + \frac{3}{8} + \frac{2}{8} = \frac{7}{8}$

Antwort: Es sind zusammen $\frac{7}{8}$ Torte.

❹ Löse die Aufgabe und schreibe die Ergebnisse auch in gemischter Schreibweise.

a)

$\frac{9}{11} + \frac{10}{11} = \frac{19}{11} = 1\frac{8}{11}$

$\frac{16}{21} + \frac{10}{21} = \frac{18}{21} = \frac{44}{21} = 2\frac{2}{21}$

$\frac{7}{12} + \frac{10}{12} = \frac{17}{12} = 1\frac{5}{12}$

b)

$\frac{25}{37} + \frac{18}{37} = \frac{43}{37} = 1\frac{6}{37}$

$\frac{5}{7} + \frac{3}{7} + \frac{8}{7} = \frac{16}{7} = 2\frac{2}{7}$

$\frac{15}{29} + \frac{17}{29} = \frac{3}{29} = \frac{35}{29} = 1\frac{6}{29}$

c)

$\frac{11}{12} + \frac{7}{12} = \frac{18}{12} = 1\frac{6}{12} = 1\frac{1}{2}$

$\frac{20}{41} + \frac{39}{41} = \frac{59}{41} = 1\frac{18}{41}$

$\frac{8}{9} + \frac{7}{9} + \frac{7}{9} = \frac{22}{9} = 2\frac{4}{9}$

27 Brüche mit gleichen Nennern addieren 4

$\frac{2}{3}+\frac{1}{2}$

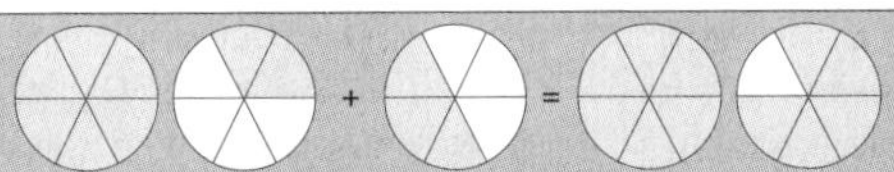

$1\frac{2}{6} + \frac{3}{6} = 1\frac{5}{6}$

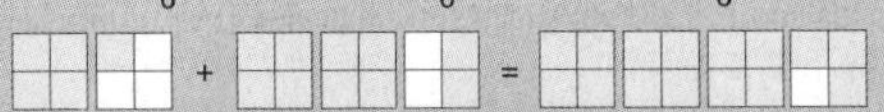

$1\frac{1}{4} + 2\frac{2}{4} = 3\frac{3}{4}$

Gemischte Zahlen werden addiert, indem man ganze Zahl mit ganzer Zahl addiert und Bruch mit Bruch addiert.

❶ Löse die Aufgabe. Färbe die Bruchteile.

a)
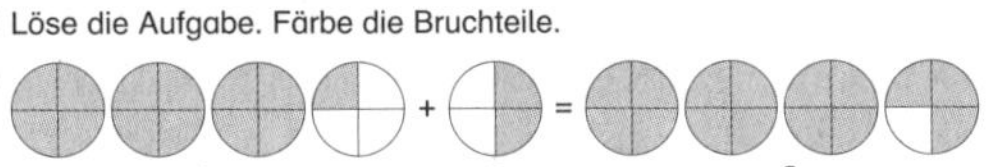

$3\frac{1}{4} + \frac{2}{4} = 3\frac{3}{4}$

b)
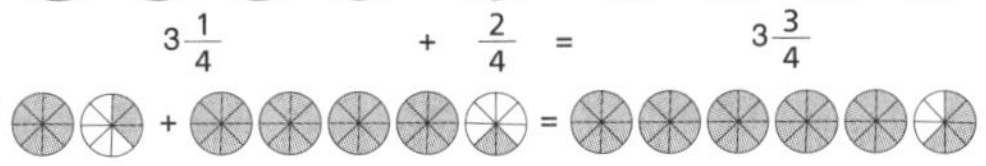

$1\frac{3}{8} + 4\frac{2}{8} = 5\frac{5}{8}$

c)
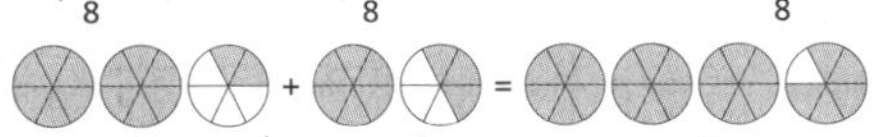

$2\frac{2}{6} + 1\frac{3}{6} = 3\frac{5}{6}$

❷ Bilde Aufgaben und berechne ihr Ergebnis.

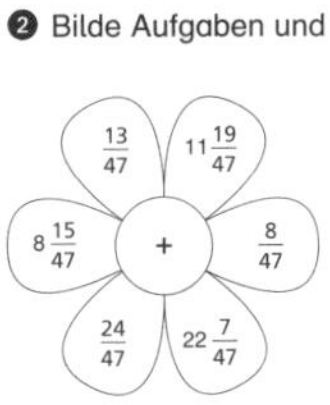

a) $\frac{13}{47} + 11\frac{19}{47} = 11\frac{32}{47}$

b) $8\frac{15}{47} + 22\frac{7}{47} = 30\frac{22}{47}$

c) …

d)

e)

f)

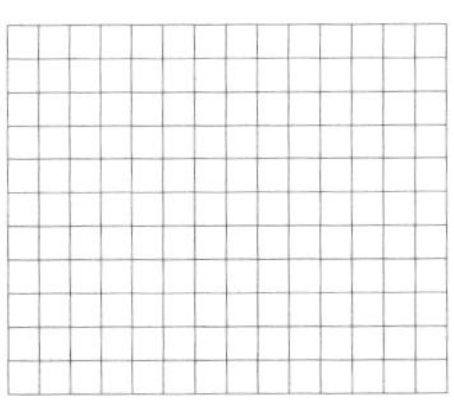

28 Brüche mit ungleichen Nennern addieren 1

$\frac{2}{3}+\frac{1}{2}$

$\frac{1}{2} + \frac{1}{3} = \frac{1 \cdot 3}{2 \cdot 3} + \frac{1 \cdot 2}{3 \cdot 2} = \frac{3}{6} + \frac{2}{6} = \frac{5}{6}$

Bei der Addition von Brüchen mit verschiedenen Nennern muss man vor dem Addieren die Brüche auf den gleichen Nenner erweitern. Dieser heißt **Hauptnenner**. Um den Hauptnenner zu finden, sucht man in der Einmaleinsreihe *des größeren Nenners* die erste Zahl, die durch den kleineren Nenner teilbar ist.

$\frac{1}{2} + \frac{1}{3}$

↓ kleinerer Nenner ↓ größerer Nenner

3er-Reihe: $1 \cdot 3 = 3$

$2 \cdot 3 = \boxed{6}$ → 6 ist durch 2 teilbar

$3 \cdot 3 =$

$4 \cdot 3 =$

⋮

❶ Bestimme den Hauptnenner.

a) $\frac{}{3}$ und $\frac{}{6} = \frac{}{6}$ $\frac{}{4}$ und $\frac{}{8} = \frac{}{8}$ $\frac{}{5}$ und $\frac{}{15} = \frac{}{15}$

b) $\frac{}{6}$ und $\frac{}{12} = \frac{}{12}$ $\frac{}{3}$ und $\frac{}{18} = \frac{}{18}$ $\frac{}{7}$ und $\frac{}{28} = \frac{}{28}$

c) $\frac{}{3}$ und $\frac{}{4} = \frac{}{12}$ $\frac{}{3}$ und $\frac{}{5} = \frac{}{15}$ $\frac{}{4}$ und $\frac{}{5} = \frac{}{20}$

❷ Erweitere zuerst auf den Hauptnenner. Addiere dann die Brüche.

a) $\frac{1}{2} + \frac{1}{4} = \frac{1 \cdot 2}{2 \cdot 2} + \frac{1}{4} = \frac{2}{4} + \frac{1}{4} = \frac{3}{4}$

b) $\frac{2}{3} + \frac{2}{9} = \frac{2 \cdot \boxed{3}}{3 \cdot \boxed{3}} + \frac{\boxed{2}}{\boxed{9}} = \frac{6}{9} + \frac{2}{9} = \frac{8}{9}$

c) $\frac{2}{5} + \frac{9}{25} = \frac{2 \cdot 5}{5 \cdot 5} + \frac{9}{25} = \frac{10}{25} + \frac{9}{25} = \frac{19}{25}$

d) $\frac{3}{7} + \frac{11}{28} = \frac{3 \cdot 4}{7 \cdot 4} + \frac{11}{28} = \frac{12}{28} + \frac{11}{28} = \frac{23}{28}$

e) $\frac{1}{3} + \frac{2}{4} = \frac{1 \cdot 4}{3 \cdot 4} + \frac{2 \cdot 3}{4 \cdot 3} = \frac{4}{12} + \frac{6}{12} = \frac{10}{12}$

f) $\frac{2}{5} + \frac{1}{6} = \frac{2 \cdot 6}{5 \cdot 6} + \frac{1 \cdot 5}{6 \cdot 5} = \frac{12}{30} + \frac{5}{30} = \frac{17}{30}$

Lösungen

29 Brüche mit ungleichen Nennern addieren 2 $\frac{2}{3}+\frac{1}{2}$

❶ Löse die Aufgabe. Denk daran, dass du die Brüche zuerst auf den Hauptnenner erweitern musst!

a) $\frac{3}{5} + \frac{1}{3} = \frac{3 \cdot 3}{5 \cdot 3} + \frac{1 \cdot 5}{3 \cdot 5} = \frac{9}{15} + \frac{5}{15} = \frac{14}{15}$

b) $\frac{5}{24} + \frac{2}{4} = \frac{5}{24} + \frac{2 \cdot 6}{4 \cdot 6} = \frac{5}{24} + \frac{12}{24} = \frac{17}{24}$

c) $\frac{3}{4} + \frac{5}{6} = \frac{3 \cdot 3}{4 \cdot 3} + \frac{5 \cdot 2}{6 \cdot 2} = \frac{9}{12} + \frac{10}{12} = \frac{19}{12}$

d) $\frac{1}{2} + \frac{1}{6} + \frac{1}{4} = \frac{1 \cdot 6}{2 \cdot 6} + \frac{1 \cdot 2}{6 \cdot 2} + \frac{1 \cdot 3}{4 \cdot 3} = \frac{6}{12} + \frac{2}{12} + \frac{3}{12} = \frac{11}{12}$

❷ Setze richtig ein: Hauptnenner – gleichen – erweitert – verschiedenen.

Brüche mit verschiedenen Nennern müssen vor dem Addieren erweitert werden, damit die Brüche den gleichen Nenner haben. Diesen nennt man Hauptnenner.

❸ Auf Susannes Geburtstagsparty gibt es für alle Kinder eine Familienpizza zu essen. Peter isst die halbe Pizza, Susanne schafft nur ein Drittel. Anne isst nur ein Neuntel, da sie vorher so viele Süßigkeiten genascht hat. Wie viel Pizza wurde insgesamt gegessen?

Rechnung: $\frac{1}{2} + \frac{1}{3} + \frac{1}{9} = \frac{1 \cdot 9}{2 \cdot 9} + \frac{1 \cdot 6}{3 \cdot 6} + \frac{1 \cdot 2}{9 \cdot 2} = \frac{9}{18} + \frac{6}{18} + \frac{2}{18} = \frac{17}{18}$

Antwort: Es wurde insgesamt $\frac{17}{18}$ Pizza gegessen.

❹ Löse die Aufgabe und kürze das Ergebnis, wenn möglich. Du kannst dabei schrittweise vorgehen.

a) $\frac{1}{3} + \frac{1}{2} = \frac{5}{6}$

$\frac{2}{4} + \frac{3}{9} = \frac{30}{36} = \frac{5}{6}$

$\frac{1}{7} + \frac{3}{4} = \frac{25}{28}$

b) $\frac{2}{6} + \frac{3}{10} = \frac{19}{30}$

$\frac{1}{3} + \frac{7}{11} = \frac{32}{33}$

$\frac{2}{5} + \frac{2}{6} = \frac{22}{30} = \frac{11}{15}$

30 Brüche mit ungleichen Nennern addieren 3 $\frac{2}{3}+\frac{1}{2}$

❶ Löse die Aufgaben.

$\frac{1}{5}$ + | $\frac{2}{9}$ $\frac{3}{10}$ $\frac{1}{2}$ $\frac{3}{4}$ |

a) $\frac{1}{5} + \frac{2}{9} = \frac{19}{45}$

b) $\frac{1}{5} + \frac{3}{10} = \frac{5}{10} = \frac{1}{2}$

c) $\frac{1}{5} + \frac{1}{2} = \frac{7}{10}$

d) $\frac{1}{5} + \frac{3}{4} = \frac{19}{10}$

❷ Wurde hier richtig gerechnet? Überprüfe und korrigiere, wenn nötig.

Aufgabe	richtige Lösung	Aufgabe	richtige Lösung
$\frac{2}{3} + \frac{1}{2} = 2\frac{1}{6}$ (durchgestrichen)	$1\frac{1}{6}$	$\frac{5}{8} + \frac{2}{5} = 1\frac{1}{40}$	✔
$\frac{2}{8} + \frac{5}{12} = \frac{16}{21}$ (durchgestrichen)	$\frac{2}{3}$	$\frac{5}{6} + \frac{2}{7} = 4\frac{5}{42}$ (durchgestrichen)	$1\frac{5}{42}$
$\frac{3}{4} + \frac{5}{6} = 1\frac{7}{12}$	✔	$\frac{1}{3} + \frac{4}{7} = \frac{19}{25}$ (durchgestrichen)	$\frac{19}{21}$
$\frac{4}{15} + \frac{2}{5} + \frac{3}{10} = \frac{27}{29}$ (durchgestrichen)	$\frac{29}{30}$	$\frac{4}{9} + \frac{1}{2} + \frac{1}{18} = 1$	✔

❸ Löse die Aufgaben.
Schreibe die Ergebnisse auch in gemischter Schreibweise.

a) $\frac{1}{2} + \frac{2}{3} + \frac{3}{8} = \frac{37}{24} = 1\frac{13}{24}$

$\frac{7}{10} + \frac{4}{7} = \frac{89}{70} = 1\frac{19}{70}$

$\frac{23}{36} + \frac{3}{8} = \frac{73}{72} = 1\frac{1}{72}$

$\frac{5}{4} + \frac{4}{11} = \frac{71}{44} = 1\frac{27}{44}$

b) $\frac{2}{3} + \frac{11}{12} = \frac{19}{12} = 1\frac{7}{12}$

$\frac{7}{9} + \frac{2}{5} = \frac{53}{45} = 2\frac{8}{45}$

$\frac{3}{4} + \frac{4}{5} + \frac{1}{2} = \frac{41}{20} = 2\frac{1}{20}$

$\frac{7}{10} + \frac{10}{15} = \frac{41}{30} = 1\frac{11}{30}$

31 Brüche mit ungleichen Nennern addieren 4 $\frac{2}{3}+\frac{1}{2}$

Wir rechnen: „Zahl + Zahl" und „Bruch + Bruch".

Achtung: Brüche vor dem Addieren auf den Hauptnenner erweitern!

$2\frac{1}{4} + 4\frac{2}{6} = 2\frac{1 \cdot 3}{4 \cdot 3} + 4\frac{2 \cdot 2}{6 \cdot 2} = 2\frac{3}{12} + 4\frac{4}{12} = 6\frac{7}{12}$

❶ Löse die Aufgabe. Erweitere zuerst auf den Hauptnenner.

a) $2\frac{2}{3} + 9\frac{1}{4} = 2\frac{2 \cdot 4}{3 \cdot 4} + 9\frac{1 \cdot 3}{4 \cdot 3} = 2\frac{8}{12} + 9\frac{3}{12} = 11\frac{11}{12}$

b) $17\frac{2}{9} + 8\frac{3}{5} = 17\frac{2 \cdot 5}{9 \cdot 5} + 8\frac{3 \cdot 9}{5 \cdot 9} = 17\frac{10}{45} + 8\frac{17}{45} = 25\frac{37}{45}$

c) $46\frac{3}{8} + \frac{4}{7} = 46\frac{3 \cdot 7}{8 \cdot 7} + \frac{4 \cdot 8}{7 \cdot 8} = 46\frac{21}{56} + \frac{32}{56} = 46\frac{53}{56}$

d) $11\frac{1}{2} + 5\frac{9}{13} = 11\frac{1 \cdot 13}{2 \cdot 13} + 5\frac{9 \cdot 2}{13 \cdot 2} = 11\frac{13}{26} + 5\frac{18}{26} = 16\frac{31}{26} = 17\frac{5}{26}$

❷ Julia mixt für sich und ihre Freunde eine Fruchtbowle. Dazu nimmt sie $2\frac{1}{4}$ l Orangenlimonade, $1\frac{1}{8}$ l Mangosaft und $2\frac{1}{2}$ l Traubensaft.

Frage: Wie viele Liter Bowle mixt Julia?

Rechnung: $2\frac{1}{4} + 1\frac{1}{8} + 2\frac{1}{2} = 5\frac{7}{8}$

Antwort: Sie mixt $5\frac{7}{8}$ l Bowle.

❸ Berechne das Ergebnis. Schreibe als gemischte Zahl, wenn möglich.

a) $5\frac{3}{4} + 10\frac{1}{6} = 15\frac{11}{12}$

$\frac{2}{3} + \frac{7}{9} = 1\frac{4}{9}$

$\frac{14}{21} + \frac{1}{7} + \frac{2}{3} = 1\frac{10}{21}$

$4\frac{3}{6} + \frac{1}{3} + \frac{3}{5} = 5\frac{13}{30}$

b) $\frac{5}{7} + \frac{2}{4} = 1\frac{3}{14}$

$\frac{8}{9} + \frac{5}{6} = 1\frac{13}{18}$

$\frac{7}{8} + \frac{7}{16} = 1\frac{5}{16}$

$9\frac{5}{66} + \frac{2}{11} = 9\frac{17}{66}$

32 Vermischte Übungen 1 $\frac{2}{3}+\frac{1}{2}$

❶ Berechne das Ergebnis. Färbe die Bruchteile ein.

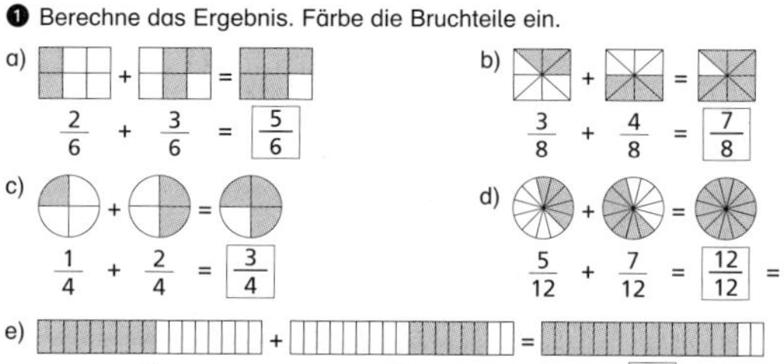

a) $\frac{2}{6} + \frac{3}{6} = \frac{5}{6}$

b) $\frac{3}{8} + \frac{4}{8} = \frac{7}{8}$

c) $\frac{1}{4} + \frac{2}{4} = \frac{3}{4}$

d) $\frac{5}{12} + \frac{7}{12} = \frac{12}{12} = 1$

e) $\frac{9}{17} + \frac{6}{17} = \frac{15}{17}$

❷ Vervollständige die Aufgabe. Gibt die Bruchteile an und färbe sie ein.

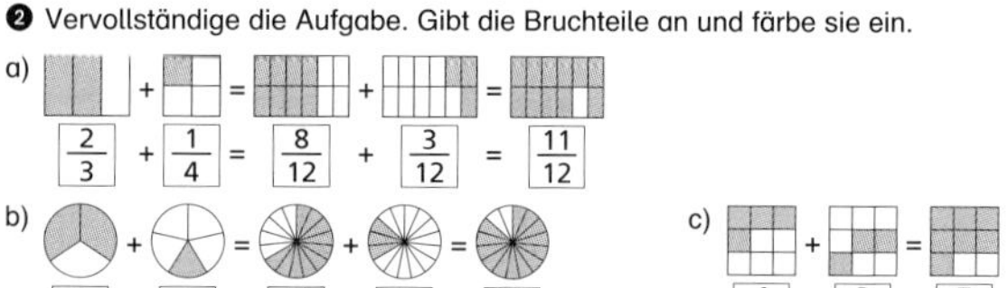

a) $\frac{2}{3} + \frac{1}{4} = \frac{8}{12} + \frac{3}{12} = \frac{11}{12}$

b) $\frac{2}{3} + \frac{1}{5} = \frac{10}{15} + \frac{3}{15} = \frac{13}{15}$

c) $\frac{4}{9} + \frac{3}{9} = \frac{7}{9}$

❸ Erweitere die Brüche zuerst auf den Hauptnenner. Löse dann die Aufgabe.

a) $\frac{1}{2} + \frac{1}{6} = \frac{1 \cdot 3}{2 \cdot 3} + \frac{1}{6} = \frac{3}{6} + \frac{1}{6} = \frac{4}{6} = \frac{2}{3}$

b) $\frac{3}{5} + \frac{2}{10} = \frac{3 \cdot 2}{5 \cdot 2} + \frac{2}{10} = \frac{6}{10} + \frac{2}{10} = \frac{8}{10} = \frac{4}{5}$

c) $\frac{4}{20} + \frac{3}{4} = \frac{4}{20} + \frac{3 \cdot 5}{4 \cdot 5} = \frac{4}{20} + \frac{15}{20} = \frac{19}{20}$

d) $\frac{10}{33} + \frac{9}{33} = \frac{19}{33}$

e) $\frac{1}{2} + \frac{1}{3} + \frac{1}{6} = \frac{1 \cdot 3}{2 \cdot 3} + \frac{1 \cdot 2}{3 \cdot 2} + \frac{1}{6} = \frac{3}{6} + \frac{2}{6} + \frac{1}{6} = \frac{6}{6} = 1$

Lösungen

33 Vermischte Übungen 2 $\frac{2}{3}+\frac{1}{2}$

❶ Setze richtig ein: Hauptnenner – ungleichen – gleichen – Zähler.

Bei Brüchen mit gleichen Nennern werden nur die Zähler addiert und der Nenner bleibt gleich. Bei Brüchen mit ungleichen Nennern erweitert man zuerst auf den Hauptnenner und addiert anschließend die Zähler.

❷ Kürze das Ergebnis und schreibe es auch in gemischter Schreibweise auf.

a) $\frac{5}{6}+\frac{5}{6}=\frac{10}{6}=\frac{5}{3}=1\frac{2}{3}$

$9\frac{4}{7}+9\frac{8}{21}=18\frac{20}{21}$

$\frac{1}{15}+\frac{7}{10}+\frac{2}{3}=\frac{43}{30}=1\frac{13}{30}$

$\frac{7}{12}+\frac{5}{12}=\frac{12}{12}=1$

b) $\frac{6}{13}+\frac{5}{26}=\frac{17}{26}$

$11\frac{27}{50}+7\frac{8}{50}=18\frac{35}{50}=18\frac{7}{10}$

$21\frac{3}{8}+\frac{3}{5}=21\frac{39}{40}$

$\frac{7}{12}+\frac{1}{3}+\frac{3}{4}=\frac{20}{12}=\frac{5}{3}=1\frac{2}{3}$

❸ Paulas Eltern wollen ihr Zimmer streichen. Dazu kaufen sie $5\frac{1}{5}$ l gelbe Farbe und $\frac{2}{15}$ l blaue Farbe. Sie nehmen auch noch $4\frac{1}{5}$ l braune Farbe.

Frage: Wie viele Liter Farbe kaufen sie?

Rechnung: $5\frac{1}{5}+\frac{2}{15}+4\frac{1}{5}=9\frac{8}{15}$

Antwort: Sie kaufen $9\frac{8}{15}$ l Farbe.

❹ Setze die fehlenden Zahlen ein.

$\frac{7}{10}\xrightarrow{+\frac{2}{5}}\boxed{\frac{11}{10}}\xrightarrow{+\frac{3}{20}}\boxed{\frac{25}{20}}\xrightarrow{+\frac{1}{5}}\boxed{\frac{29}{20}}\xrightarrow{+\frac{11}{20}}\boxed{\frac{40}{20}}=\boxed{\frac{4}{2}}=\boxed{2}$

34 Vermischte Übungen 3 $\frac{2}{3}+\frac{1}{2}$

Beispiel: $\frac{4}{9}+\frac{2}{6}=\frac{4\cdot 2}{9\cdot 2}+\frac{2\cdot 3}{6\cdot 3}=\frac{8}{18}+\frac{6}{18}=\frac{14}{18}=\frac{7}{9}$

ABER: Ihr könnt auch einfacher rechnen, indem ihr **vor** dem Addieren kürzt.

$\frac{2:2}{6:2}=\frac{1}{3}$

$\frac{4}{9}+\frac{1}{3}=\frac{4}{9}+\frac{1\cdot 3}{3\cdot 3}=\frac{4}{9}+\frac{3}{9}=\frac{7}{9}$

Manchmal können Brüche **vor** dem Addieren gekürzt werden. Damit ersparst du dir das Rechnen mit großen Zahlen und längeren Rechenwegen. Achte also auf Kürzungsmöglichkeiten vor dem Addieren.

❶ Löse die Aufgabe. Achte auf Kürzungsmöglichkeiten vor dem Addieren.

a) $\frac{3}{6}+\frac{3}{4}=\frac{1}{2}+\frac{3}{4}=\frac{5}{4}=1\frac{1}{4}$

$\frac{7}{10}+\frac{5}{25}=\frac{7}{10}+\frac{1}{5}=\frac{9}{10}$

$12\frac{9}{23}+\frac{8}{23}=12\frac{17}{23}$

$\frac{5}{14}+\frac{1}{4}=\frac{17}{28}$

$17\frac{7}{15}+23\frac{2}{15}=40\frac{9}{15}=40\frac{3}{5}$

b) $\frac{2}{16}+9\frac{7}{24}=\frac{1}{8}+9\frac{7}{24}=9\frac{10}{24}=9\frac{5}{12}$

$5\frac{35}{49}+19\frac{12}{49}=5\frac{5}{7}+19\frac{12}{49}=24\frac{47}{49}$

$\frac{3}{12}+\frac{8}{32}=\frac{1}{4}+\frac{1}{4}=\frac{2}{4}=\frac{1}{2}$

$23\frac{4}{15}+7\frac{3}{5}=30\frac{13}{15}$

$\frac{7}{8}+\frac{2}{7}=1\frac{9}{56}$

❷ Ordne die Ergebnisse aus jeder Zeile der Größe nach. Beginne mit dem kleinsten Bruch.

a) $1\frac{1}{3}+\frac{3}{15}=1\frac{8}{15}$ $\frac{7}{15}+\frac{4}{15}=\frac{11}{15}$ $\frac{2}{3}+2\frac{2}{15}=2\frac{4}{3}=2\frac{12}{15}$ $\frac{3}{5}+\frac{4}{15}=\frac{13}{15}$

b) $\frac{2}{5}+\frac{3}{4}=1\frac{3}{20}$ $2\frac{7}{20}+1\frac{9}{20}=3\frac{4}{5}=3\frac{16}{20}$ $\frac{1}{4}+1\frac{11}{20}=1\frac{4}{5}=1\frac{16}{20}$ $\frac{4}{5}+\frac{1}{4}=1\frac{1}{20}$

a) $\frac{11}{15}<\frac{13}{15}<1\frac{8}{15}<2\frac{12}{15}$

b) $1\frac{1}{20}<1\frac{3}{20}<1\frac{16}{20}<3\frac{16}{20}$

35 Brüche mit gleichen Nennern subtrahieren 1 $\frac{3}{4}-\frac{1}{2}$

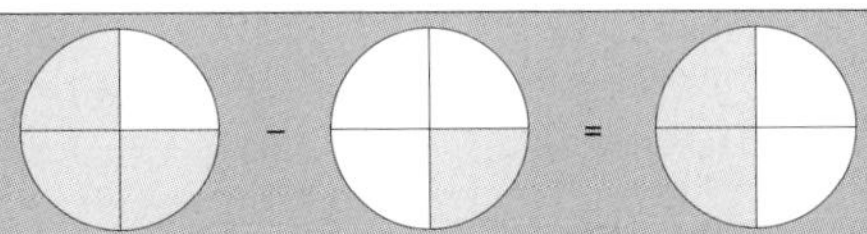

$\frac{3}{4}-\frac{1}{4}=\frac{2}{4}$

Bei der Subtraktion von Brüchen mit gleichen Nennern werden die Zähler subtrahiert. Der Nenner bleibt gleich. Die Subtraktion funktioniert also genauso wie die Addition.

❶ Gib das Ergebnis an und färbe die entsprechenden Bruchteile.

a)
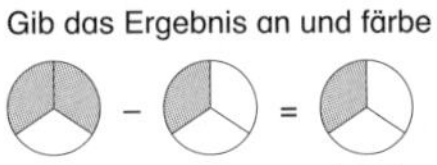

$\frac{2}{3}-\frac{1}{3}=\boxed{\frac{1}{3}}$

b)
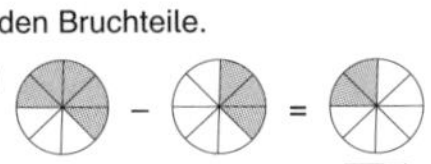

$\frac{5}{8}-\frac{3}{8}=\boxed{\frac{2}{8}}$

c)
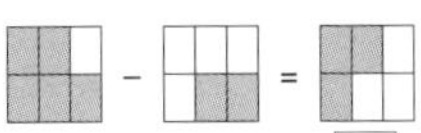

$\frac{5}{6}-\frac{2}{6}=\boxed{\frac{3}{6}}$

d)
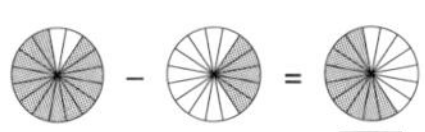

$\frac{14}{16}-\frac{5}{16}=\boxed{\frac{9}{16}}$

e)

$\frac{4}{5}-\frac{1}{5}=\boxed{\frac{3}{5}}$

f)

$\frac{3}{4}-\frac{1}{4}=\boxed{\frac{2}{4}}$

g)
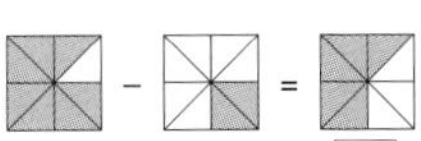

$\frac{7}{8}-\frac{2}{8}=\boxed{\frac{5}{8}}$

h)
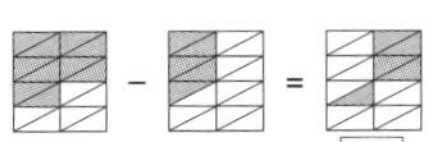

$\frac{10}{16}-\frac{5}{16}=\boxed{\frac{5}{16}}$

36 Brüche mit gleichen Nennern subtrahieren 2 $\frac{3}{4}-\frac{1}{2}$

Bei der Subtraktion von Brüchen mit gleichen Nennern werden die Zähler subtrahiert. Der Nenner bleibt gleich.

❶ Vervollständige die Aufgabe: Gib die gefärbten Bruchteile an. Färbe die Bruchteile.

a)
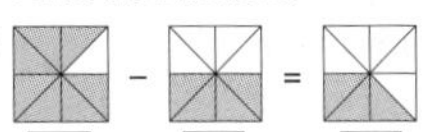

$\boxed{\frac{7}{8}}-\boxed{\frac{4}{8}}=\boxed{\frac{3}{8}}$

b)
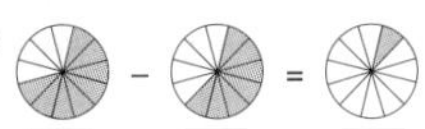

$\boxed{\frac{8}{12}}-\boxed{\frac{7}{12}}=\boxed{\frac{1}{12}}$

c)

$\boxed{\frac{3}{5}}-\boxed{\frac{1}{5}}=\boxed{\frac{2}{5}}$

d)
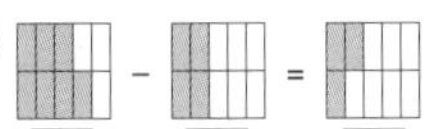

$\boxed{\frac{7}{10}}-\boxed{\frac{4}{10}}=\boxed{\frac{3}{10}}$

❷ Berechne das Ergebnis.

a) $\frac{4}{5}-\frac{1}{5}=\frac{3}{5}$ $\frac{5}{7}-\frac{2}{7}=\frac{3}{7}$ $\frac{8}{9}-\frac{5}{9}=\frac{3}{9}$

b) $\frac{2}{3}-\frac{1}{3}=\frac{1}{3}$ $\frac{5}{6}-\frac{2}{6}=\frac{3}{6}$ $\frac{9}{12}-\frac{3}{12}=\frac{6}{12}$

c) $\frac{7}{8}-\frac{3}{8}=\frac{4}{8}$ $\frac{12}{19}-\frac{9}{19}=\frac{3}{19}$ $\frac{45}{57}-\frac{23}{57}=\frac{22}{57}$

d) $\frac{7}{16}-\frac{2}{16}=\frac{5}{16}$ $\frac{8}{9}-\frac{6}{9}=\frac{2}{9}$ $\frac{13}{28}-\frac{5}{28}=\frac{8}{28}$

❸ Von $\frac{7}{8}$ Kuchen wird nur $\frac{4}{8}$ gegessen. Es bleibt also $\boxed{\frac{3}{8}}$ Kuchen übrig.

Rechnung: $\frac{7}{8}-\frac{4}{8}=\frac{3}{8}$

37 Brüche mit gleichen Nennern subtrahieren 3 $\frac{3}{4}-\frac{1}{2}$

❶ Löse die Aufgaben und kürze das Ergebnis, wenn möglich.

a) $\frac{17}{18}-\frac{14}{18}=\frac{3}{18}=\frac{1}{6}$ b) $\frac{65}{50}-\frac{15}{50}=\frac{50}{50}=1$ c) $\frac{11}{12}-\frac{3}{12}-\frac{1}{12}=\frac{7}{12}$

$\frac{56}{65}-\frac{14}{65}=\frac{42}{65}$ $\frac{23}{25}-\frac{13}{25}=\frac{10}{25}=\frac{2}{5}$ $\frac{29}{49}-\frac{15}{49}=\frac{14}{49}=\frac{2}{7}$

$\frac{9}{13}-\frac{7}{13}=\frac{2}{13}$ $\frac{16}{19}-\frac{7}{19}-\frac{2}{19}=\frac{7}{19}$ $\frac{33}{55}-\frac{4}{55}-\frac{4}{55}=\frac{25}{55}=\frac{5}{11}$

$\frac{19}{37}-\frac{9}{37}-\frac{6}{37}=\frac{4}{37}$ $\frac{78}{80}-\frac{38}{80}=\frac{40}{80}=\frac{1}{2}$ $\frac{17}{64}-\frac{1}{64}=\frac{16}{64}=\frac{1}{4}$

❷ Kai soll jeden Morgen $\frac{2}{4}$ l Milch trinken. Er schafft aber meist nur $\frac{1}{4}$ l Milch. Wie viele Liter verbleiben im Glas?

Rechnung: $\frac{2}{4}-\frac{1}{4}=\frac{1}{4}$

Antwort: Es bleiben $\frac{1}{4}$ l im Glas.

❸ Setze die fehlenden Zahlen ein, sodass die Rechnung stimmt.

a) $\frac{12}{20}-\frac{7}{20}=\frac{\boxed{5}}{20}$ b) $\frac{6}{8}-\frac{\boxed{2}}{8}=\frac{4}{8}$ c) $\frac{14}{25}-\frac{4}{\boxed{25}}=\frac{\boxed{10}}{25}$

d) $\frac{8}{13}-\frac{\boxed{5}}{13}=\frac{3}{13}$ e) $\frac{18}{23}-\frac{\boxed{15}}{\boxed{23}}=\frac{3}{\boxed{23}}$ f) $\frac{\boxed{9}}{17}-\frac{6}{\boxed{17}}=\frac{3}{\boxed{17}}$

❹ Löse die Aufgaben.
Schreibe die Ergebnisse auch in gemischter Schreibweise.

a)

$\frac{6}{4}-\frac{1}{4}=\frac{5}{4}=1\frac{1}{4}$

$\frac{15}{7}-\frac{3}{7}=\frac{12}{7}=1\frac{5}{7}$

$\frac{26}{9}-\frac{7}{9}=\frac{19}{9}=2\frac{1}{9}$

b)

$\frac{18}{3}-\frac{4}{3}-\frac{2}{3}=\frac{12}{3}=4$

$\frac{17}{12}-\frac{4}{12}=\frac{13}{12}=1\frac{1}{12}$

$\frac{41}{39}-\frac{1}{39}=\frac{40}{39}=1\frac{1}{39}$

c)

$\frac{58}{21}-\frac{12}{21}=\frac{46}{21}=2\frac{4}{21}$

$\frac{64}{13}-\frac{30}{13}-\frac{8}{13}=\frac{26}{13}=2$

$\frac{49}{8}-\frac{15}{8}=\frac{34}{8}=4\frac{2}{8}$

38 Brüche mit gleichen Nennern subtrahieren 4 $\frac{3}{4}-\frac{1}{2}$

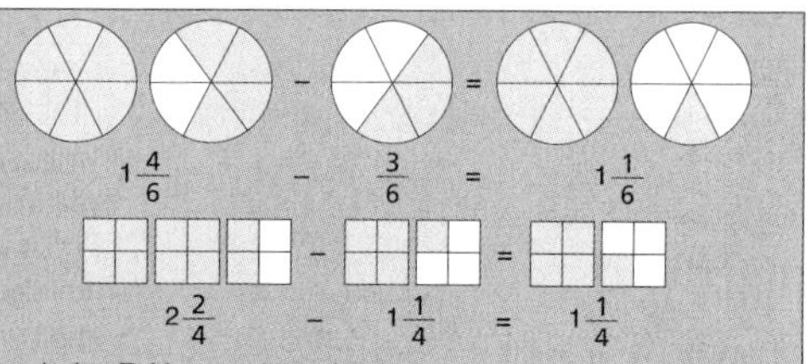

$1\frac{4}{6}-\frac{3}{6}=1\frac{1}{6}$

$2\frac{2}{4}-1\frac{1}{4}=1\frac{1}{4}$

Gemischte Zahlen werden subtrahiert, indem man ganze Zahl mit ganzer Zahl subtrahiert und Bruch mit Bruch subtrahiert.

❶ Löse die Aufgaben. Färbe die Bruchteile ein.

a)

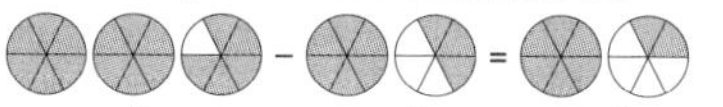

$2\frac{5}{6}-1\frac{3}{6}=1\frac{2}{6}$

b)

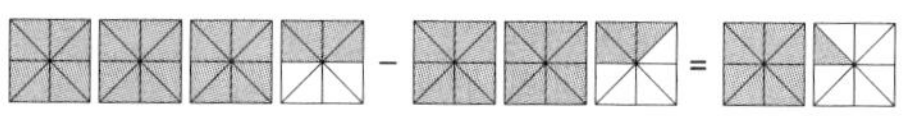

$3\frac{4}{8}-2\frac{3}{8}=1\frac{1}{8}$

❷ Löse die Aufgaben und kürze das Ergebnis, wenn möglich.

a) $3\frac{2}{3}-1\frac{1}{3}=2\frac{1}{3}$ b) $4\frac{8}{11}-2\frac{4}{11}=2\frac{4}{11}$ c) $3\frac{9}{13}-\frac{4}{13}-\frac{5}{13}=3$

$\frac{18}{21}-\frac{8}{21}-\frac{3}{21}=\frac{1}{3}$ $5\frac{7}{8}-\frac{6}{8}=5\frac{1}{8}$ $\frac{23}{36}-\frac{5}{36}-\frac{6}{36}=\frac{1}{3}$

❸ Frau Klein kocht Marmelade ein. Sie hat $3\frac{3}{4}$ kg Zucker zu Hause. Zum Einkochen braucht sie $2\frac{1}{4}$ kg Zucker. Reicht die Menge an Zucker, die übrig bleibt, noch aus, um einen Schokokuchen zu backen? Dafür braucht sie 1 kg Zucker.

Rechnung: $3\frac{3}{4}-2\frac{1}{4}=1\frac{2}{4}=1\frac{1}{2}$

Antwort: Sie behält $1\frac{1}{2}$ kg Zucker übrig. Das reicht für den Kuchen.

39 Brüche mit ungleichen Nennern subtrahieren 1 $\frac{3}{4}-\frac{1}{2}$

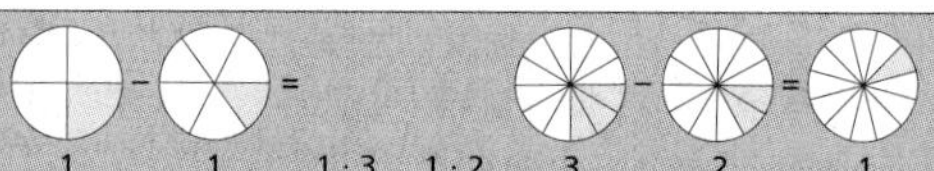

$\frac{1}{4}-\frac{1}{6}=\frac{1\cdot 3}{4\cdot 3}-\frac{1\cdot 2}{6\cdot 2}=\frac{3}{12}-\frac{2}{12}=\frac{1}{12}$

Bei der Subtraktion von Brüchen mit verschiedenen Nennern muss man die Brüche auf den Hauptnenner erweitern.

❶ Löse die Aufgaben. Erweitere zuerst auf den Hauptnenner.

a) $\frac{2}{3}-\frac{1}{2}=\frac{2\cdot\boxed{2}}{3\cdot\boxed{2}}-\frac{1\cdot\boxed{3}}{2\cdot\boxed{3}}=\frac{4}{6}-\frac{3}{6}=\frac{1}{6}$

b) $\frac{5}{6}-\frac{2}{3}=\frac{5\cdot\boxed{1}}{6\cdot\boxed{1}}-\frac{2\cdot\boxed{2}}{3\cdot\boxed{2}}=\frac{5}{6}-\frac{4}{6}=\frac{1}{6}$

c) $\frac{4}{5}-\frac{3}{10}=\frac{4\cdot\boxed{2}}{5\cdot\boxed{2}}-\frac{3\cdot\boxed{1}}{10\cdot\boxed{1}}=\frac{8}{10}-\frac{3}{10}=\frac{5}{10}=\frac{1}{2}$

d) $\frac{6}{7}-\frac{1}{2}=\frac{6\cdot\boxed{2}}{7\cdot\boxed{2}}-\frac{1\cdot\boxed{7}}{2\cdot\boxed{7}}=\frac{12}{14}-\frac{7}{14}=\frac{5}{14}$

e) $\frac{7}{4}-\frac{4}{5}=\frac{7\cdot\boxed{5}}{4\cdot\boxed{5}}-\frac{4\cdot\boxed{4}}{5\cdot\boxed{4}}=\frac{35}{20}-\frac{16}{20}=\frac{19}{20}$

❷ Berechne.

a) $\frac{7}{9}-\frac{1}{3}=\frac{7}{9}-\frac{1\cdot 3}{3\cdot 3}=\frac{7}{9}-\frac{3}{9}=\frac{4}{9}$

$\frac{3}{4}-\frac{1}{6}=\frac{3\cdot 3}{4\cdot 3}-\frac{1\cdot 2}{6\cdot 2}=\frac{9}{12}-\frac{2}{12}=\frac{7}{12}$

$\frac{5}{8}-\frac{1}{2}=\frac{5}{8}-\frac{1\cdot 4}{2\cdot 4}=\frac{5}{8}-\frac{4}{8}=\frac{1}{8}$

b) $\frac{13}{10}-\frac{4}{5}=\frac{13}{10}-\frac{4\cdot 2}{5\cdot 2}=\frac{13}{10}-\frac{8}{10}=\frac{5}{10}$

$\frac{11}{8}-\frac{4}{5}=\frac{11\cdot 5}{5\cdot 5}-\frac{4\cdot 8}{5\cdot 8}=\frac{55}{40}-\frac{32}{40}=\frac{23}{40}$

$\frac{5}{6}-\frac{2}{9}=\frac{5\cdot 3}{6\cdot 3}-\frac{2\cdot 2}{9\cdot 2}=\frac{15}{18}-\frac{4}{18}=\frac{11}{18}$

40 Brüche mit ungleichen Nennern subtrahieren 2 $\frac{3}{4}-\frac{1}{2}$

❶ Ein Nutellaglas ist noch halb voll. Paul und seine Schwester verbrauchen jeden Morgen beim Frühstück $\frac{1}{6}$ davon.

Frage: Wie voll ist das Glas am nächsten Tag?

Rechnung: $\frac{1}{2}-\frac{1}{6}=\frac{1\cdot 3}{2\cdot 3}-\frac{1}{6}=\frac{3}{6}-\frac{1}{6}=\frac{2}{6}=\frac{1}{3}$

Antwort: Das Glas ist noch $\frac{1}{3}$ gefüllt.

❷ Löse die Aufgaben.

a) $\frac{5}{6}-$ $\frac{1}{2}$ $\frac{2}{3}$ $\frac{4}{12}$

$\frac{5}{6}-\frac{1}{2}=\frac{1}{3}$ $\frac{5}{6}-\frac{2}{3}=\frac{1}{6}$

$\frac{5}{6}-\frac{4}{12}=\frac{1}{2}$

b) $\frac{7}{4}-$ $\frac{3}{5}$ $\frac{5}{6}$ $\frac{3}{10}$

$\frac{7}{4}-\frac{3}{5}=1\frac{3}{20}$ $\frac{7}{4}-\frac{5}{6}=\frac{11}{12}$

$\frac{7}{4}-\frac{3}{10}=1\frac{9}{20}$

❸ Löse die Aufgaben und kürze das Ergebnis, wenn möglich.

a) $\frac{5}{6}-\frac{1}{2}=\frac{2}{6}=\frac{1}{3}$ b) $\frac{3}{4}-\frac{7}{10}=\frac{1}{20}$

$\frac{2}{3}-\frac{1}{4}=\frac{5}{12}$ $\frac{4}{5}-\frac{5}{25}=\frac{15}{25}=\frac{3}{5}$

$\frac{5}{18}-\frac{1}{6}=\frac{2}{18}=\frac{1}{9}$ $\frac{3}{2}-\frac{7}{9}=\frac{13}{18}$

❹ In einer Flasche befinden sich $\frac{2}{3}$ l Apfelsaft. Flo schenkt sich daraus ein Glas ein. In ein Glas passen $\frac{1}{4}$ l. Reicht der Flascheninhalt jetzt noch aus, damit auch Marie ein Glas Saft trinken kann?

Rechnung: $\frac{2}{3}-\frac{1}{4}=\frac{5}{12}$ $\frac{1}{4}=\frac{3}{12}$ $\frac{5}{12}>\frac{3}{12}$

Antwort: Der Flascheninhalt reicht auch für Maries Glas aus.

Lösungen

41 Brüche mit ungleichen Nennern subtrahieren 3 $\frac{3}{4}-\frac{1}{2}$

❶ Wurde hier richtig gerechnet? Überprüfe die Ergebnisse und korrigiere, wenn nötig.

a) $\frac{11}{3}-\frac{7}{2}=\cancel{\frac{5}{6}}\ \frac{1}{6}$

$\frac{3}{4}-\frac{1}{6}=\frac{7}{12}$ ✔

$\frac{7}{8}-\frac{1}{4}=\cancel{\frac{6}{8}}\ \frac{5}{8}$

b) $\frac{9}{10}-\frac{1}{2}=\cancel{\frac{4}{2}}\ \frac{2}{5}$

$\frac{7}{10}-\frac{1}{4}=\cancel{\frac{9}{30}}\ \frac{9}{20}$

$\frac{5}{9}-\frac{1}{2}=\frac{1}{18}$ ✔

c) $\frac{1}{3}-\frac{1}{8}=\frac{5}{24}$ ✔

$\frac{3}{4}-\frac{2}{9}=\frac{19}{36}$ ✔

$\frac{5}{6}-\frac{2}{7}=\cancel{\frac{25}{42}}\ \frac{23}{42}$

❷ Frau Schneider hat noch $\frac{7}{6}$ m² Stoff übrig. Sie möchte ihrer Tochter ein T-Shirt daraus machen. Für dieses T-Shirt benötigt sie $\frac{3}{4}$ m² Stoff. Reicht der Stoff aus, um das T-Shirt zu nähen?

Rechnung: $\frac{7}{6}-\frac{3}{4}=\frac{5}{12}$

Antwort: Der Stoff reicht. Es bleiben sogar noch $\frac{5}{12}$ m² übrig.

❸ Löse die Aufgaben.

a) $\frac{7}{6}-\frac{1}{2}-\frac{1}{3}=\frac{7}{6}-\frac{1\cdot 3}{2\cdot 3}-\frac{1\cdot 2}{3\cdot 2}=\frac{7}{6}-\frac{3}{6}-\frac{2}{6}=\frac{2}{6}=\frac{1}{3}$

b) $\frac{20}{21}-\frac{2}{7}-\frac{1}{3}=\frac{20}{21}-\frac{2\cdot 3}{7\cdot 3}-\frac{1\cdot 7}{3\cdot 7}=\frac{20}{21}-\frac{6}{21}-\frac{7}{21}=\frac{7}{21}=\frac{1}{3}$

❹ Setze die fehlenden Zahlen ein.

$\frac{9}{10}$ $\xrightarrow{-\frac{1}{5}}$ $\boxed{\frac{7}{10}}$ $\xrightarrow{-\frac{1}{20}}$ $\boxed{\frac{13}{20}}$ $\xrightarrow{-\frac{2}{5}}$ $\boxed{\frac{5}{20}}$ $\xrightarrow{-\frac{2}{8}}$ $\boxed{0}$

42 Brüche mit ungleichen Nennern subtrahieren 4 $\frac{3}{4}-\frac{1}{2}$

Gemischte Zahlen subtrahieren:
„Zahl – Zahl" und „Bruch – Bruch".

Achtung: Die Brüche vor dem Subtrahieren auf den Hauptnenner erweitern:

$2\frac{1}{2}-1\frac{1}{3}=2\frac{1\cdot 3}{2\cdot 3}-1\frac{1\cdot 2}{3\cdot 2}=2\frac{3}{6}-1\frac{2}{6}=1\frac{1}{6}$

❶ Löse die Aufgaben. Erweitere zuerst auf den Hauptnenner.

a) $3\frac{1}{2}-2\frac{1}{6}=3\frac{1\cdot 3}{2\cdot 3}-2\frac{1}{6}=\boxed{3\ \frac{3}{6}}-\boxed{2\ \frac{1}{6}}=1\frac{2}{6}=1\frac{1}{3}$

b) $4\frac{1}{2}-2\frac{5}{8}=4\frac{1\cdot 4}{2\cdot 4}-2\frac{5}{8}=4\frac{4}{8}-2\frac{5}{8}=1\frac{7}{8}$

c) $4\frac{2}{3}-2\frac{1}{4}=4\frac{2\cdot 4}{3\cdot 4}-2\frac{1\cdot 3}{4\cdot 3}=4\frac{8}{12}-2\frac{3}{12}=2\frac{5}{12}$

d) $6\frac{2}{5}-3\frac{1}{3}=6\frac{2\cdot 3}{5\cdot 3}-3\frac{1\cdot 5}{3\cdot 5}=6\frac{6}{15}-3\frac{5}{15}=3\frac{1}{15}$

e) $8\frac{1}{8}-4\frac{7}{12}=8\frac{1\cdot 3}{8\cdot 3}-4\frac{7\cdot 2}{12\cdot 2}=8\frac{3}{24}-4\frac{14}{24}=3\frac{13}{24}$

❷ Auf einer Klassenfahrt macht Toms Klasse eine Tageswanderung von $18\frac{4}{5}$ km. Bis zur Mittagspause schaffen sie $10\frac{1}{2}$ km. Tom möchte ausrechnen, wie viele Kilometer sie nach der Mittagspause noch laufen müssen.

Frage: Wie viele Kilometer sind es noch?

Rechnung: $18\frac{4}{5}-10\frac{1}{2}=18\frac{8}{10}-10\frac{5}{10}=8\frac{3}{10}$

Antwort: Es sind noch $8\frac{3}{10}$ km.

❸ Frau Groß hat $5\frac{3}{4}$ kg Mehl zu Hause. Zum Plätzchenbacken verwendet sie davon $3\frac{4}{7}$ kg.

Frage: Wie viele Kilogramm Mehl bleiben übrig?

Rechnung: $5\frac{3}{4}-3\frac{4}{7}=5\frac{21}{28}-3\frac{16}{28}=2\frac{5}{28}$

Antwort: Es bleiben $2\frac{5}{28}$ kg übrig.

43 Vermischte Übungen 1 $\frac{3}{4}-\frac{1}{2}$

❶ Berechne das Ergebnis. Färbe die entsprechenden Bruchteile.

a) 

$\frac{3}{4}-\frac{1}{4}=\boxed{\frac{2}{4}}$

b) 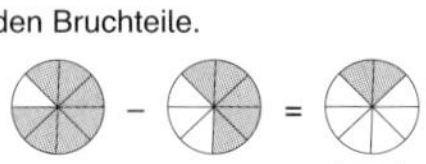

$\frac{7}{8}-\frac{5}{8}=\boxed{\frac{2}{8}}$

c) 

$\frac{4}{5}-\frac{3}{5}=\boxed{\frac{1}{5}}$

d) 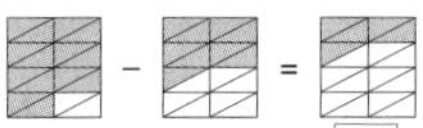

$\frac{14}{16}-\frac{9}{16}=\boxed{\frac{5}{16}}$

❷ Berechne das Ergebnis. Kürze, wenn möglich.

a) $\frac{9}{15}-\frac{7}{15}=\frac{2}{15}$

$\frac{14}{16}-\frac{8}{16}=\frac{6}{16}=\frac{3}{8}$

$\frac{8}{8}-\frac{4}{8}=\frac{4}{8}=\frac{1}{2}$

b) $\frac{11}{12}-\frac{3}{12}=\frac{8}{12}=\frac{2}{3}$

$\frac{37}{45}-\frac{17}{45}=\frac{20}{45}=\frac{4}{9}$

$\frac{9}{10}-\frac{7}{10}=\frac{2}{10}=\frac{1}{5}$

c) $\frac{15}{27}-\frac{8}{27}=\frac{7}{27}$

$\frac{16}{17}-\frac{9}{17}=\frac{7}{17}$

$\frac{12}{18}-\frac{6}{18}=\frac{6}{18}=\frac{1}{3}$

❸ Vervollständige die Aufgaben. Gib die Bruchteile an und färbe sie.

a) 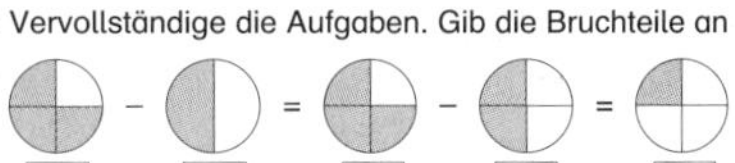

$\boxed{\frac{3}{4}}-\boxed{\frac{1}{2}}=\boxed{\frac{3}{4}}-\boxed{\frac{2}{4}}=\boxed{\frac{1}{4}}$

b) 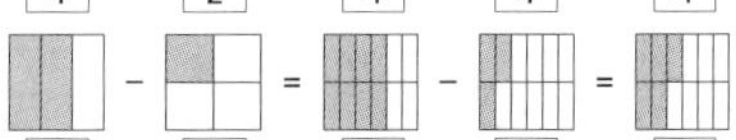

$\boxed{\frac{2}{3}}-\boxed{\frac{1}{4}}=\boxed{\frac{8}{12}}-\boxed{\frac{3}{12}}=\boxed{\frac{5}{12}}$

c) 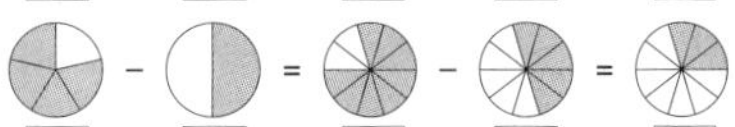

$\boxed{\frac{4}{5}}-\boxed{\frac{1}{2}}=\boxed{\frac{8}{10}}-\boxed{\frac{5}{10}}=\boxed{\frac{3}{10}}$

44 Vermischte Übungen 2 $\frac{3}{4}-\frac{1}{2}$

❶ Erweitere erst auf den Hauptnenner und subtrahiere dann.

a) $\frac{1}{3}-\frac{1}{5}=\frac{1\cdot\boxed{5}}{3\cdot\boxed{5}}-\frac{1\cdot\boxed{3}}{5\cdot\boxed{3}}=\boxed{\frac{5}{15}}-\boxed{\frac{3}{15}}=\boxed{\frac{2}{15}}$

b) $\frac{8}{10}-\frac{1}{2}=\frac{8\cdot\boxed{1}}{10\cdot\boxed{1}}-\frac{1\cdot\boxed{5}}{2\cdot\boxed{5}}=\boxed{\frac{8}{10}}-\boxed{\frac{5}{10}}=\boxed{\frac{3}{10}}$

c) $\frac{6}{7}-\frac{2}{3}=\frac{6\cdot\boxed{3}}{7\cdot\boxed{3}}-\frac{2\cdot\boxed{7}}{3\cdot\boxed{7}}=\boxed{\frac{18}{21}}-\boxed{\frac{14}{21}}=\boxed{\frac{4}{21}}$

d) $\frac{3}{4}-\frac{1}{5}=\frac{3\cdot\boxed{5}}{4\cdot\boxed{5}}-\frac{1\cdot\boxed{4}}{5\cdot\boxed{4}}=\boxed{\frac{15}{20}}-\boxed{\frac{4}{20}}=\boxed{\frac{11}{20}}$

❷ Setze richtig ein: Hauptnenner – ungleichen – Zähler – gleichen

Bei Brüchen mit <u>ungleichen</u> Nennern erweitert man erst auf den <u>Hauptnenner</u> und subtrahiert danach die Zähler. Bei Brüchen mit <u>gleichen</u> Nennern werden nur die <u>Zähler</u> subtrahiert und der Nenner bleibt gleich.

❸ Berechne das Ergebnis und kürze.

a) $\frac{15}{16}-\frac{7}{16}=\frac{8}{16}=\frac{1}{2}$

$\frac{4}{6}-\frac{4}{12}=\frac{4}{12}=\frac{1}{3}$

$\frac{7}{18}-\frac{1}{6}=\frac{4}{18}=\frac{2}{9}$

$\frac{32}{35}-\frac{27}{35}=\frac{5}{35}=\frac{1}{7}$

b) $\frac{3}{2}-\frac{7}{9}=\frac{13}{18}$

$\frac{9}{10}-\frac{2}{3}=\frac{7}{30}$

$\frac{58}{64}-\frac{10}{64}=\frac{48}{64}=\frac{3}{4}$

$\frac{6}{7}-\frac{2}{5}=\frac{16}{35}$

Lösungen

45 Vermischte Übungen 3

$\frac{3}{4} - \frac{1}{2}$

❶ Löse die Aufgaben. Achte auf Kürzungsmöglichkeiten, bevor du subtrahierst.

Beispiel:

$$\frac{5}{6} - \frac{2}{4} = \frac{5 \cdot \boxed{2}}{6 \cdot \boxed{2}} - \frac{2 \cdot \boxed{3}}{4 \cdot \boxed{3}} = \frac{10}{12} - \frac{6}{12} = \frac{4}{12} = \frac{1}{3}$$

$$\frac{2 : 2}{4 : 2} = \frac{1}{2}$$

$$\frac{5}{6} - \frac{1}{2} = \frac{5}{6} - \frac{1 \cdot \boxed{3}}{2 \cdot \boxed{3}} = \frac{5}{6} - \frac{3}{6} = \frac{2}{6} = \frac{1}{3}$$

a) $\frac{11}{8} - \frac{15}{12} = \frac{11}{8} - \frac{5}{4} = \frac{11}{8} - \frac{5 \cdot 2}{4 \cdot 2} = \frac{11}{8} - \frac{10}{8} = \frac{1}{8}$

b) $\frac{8}{10} - \frac{10}{25} = \frac{4}{5} - \frac{2}{5} = \frac{2}{5}$

c) $\frac{15}{4} - \frac{9}{18} = \frac{15}{4} - \frac{1}{2} = \frac{15}{4} - \frac{1 \cdot 2}{2 \cdot 2} = \frac{15}{4} - \frac{2}{4} = \frac{13}{4} = 3\frac{1}{4}$

d) $\frac{7}{14} - \frac{5}{10} = \frac{1}{2} - \frac{1}{2} = 0$

❷ Frau Schmidt hat $2\frac{3}{8}$ kg Zucker zu Hause. Zum Backen des Lieblingskuchens ihrer Kinder verwendet sie $\frac{1}{5}$ kg.

Frage: Wie viel Zucker bleibt übrig?

Rechnung: $2\frac{3}{8} - \frac{1}{5} = 2\frac{3 \cdot 5}{8 \cdot 5} - \frac{1 \cdot 8}{5 \cdot 8} = 2\frac{15}{40} - \frac{8}{40} = 2\frac{7}{40}$

Antwort: Es bleiben $2\frac{7}{40}$ kg Zucker übrig.

❸ Löse die Aufgaben.

a) $4\frac{1}{2} - 2\frac{1}{8} = 4\frac{1 \cdot 4}{2 \cdot 4} - 2\frac{1}{8} = 4\frac{4}{8} - 2\frac{1}{8} = 2\frac{3}{8}$

b) $6\frac{4}{5} - 3\frac{1}{2} = 6\frac{4 \cdot 2}{5 \cdot 2} - 3\frac{1 \cdot 5}{2 \cdot 5} = 6\frac{8}{10} = 3\frac{5}{10} = 3\frac{3}{10}$

c) $\frac{11}{12} - \frac{2}{4} - \frac{1}{3} = \frac{11}{12} - \frac{2 \cdot 3}{4 \cdot 3} - \frac{1 \cdot 4}{3 \cdot 4} = \frac{11}{12} - \frac{6}{12} - \frac{4}{12} = \frac{1}{12}$

d) $\frac{8}{5} - \frac{1}{3} - \frac{1}{2} = \frac{8 \cdot 6}{5 \cdot 6} - \frac{1 \cdot 10}{3 \cdot 10} - \frac{1 \cdot 15}{2 \cdot 15} = \frac{48}{30} - \frac{10}{30} - \frac{15}{30} = \frac{23}{30}$

50

46 Addition und Subtraktion von Brüchen mit gleichen Nennern 1

❶ Vervollständige die Aufgaben und berechne die Ergebnisse.

a) 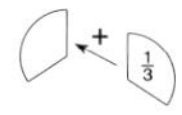

$\frac{1}{3} + \frac{1}{3} = \frac{\boxed{2}}{3}$

b) 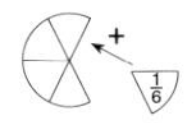

$\frac{4}{6} + \frac{\boxed{1}}{6} = \frac{\boxed{5}}{6}$

c) 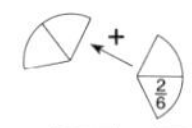

$\frac{2}{6} + \frac{\boxed{2}}{6} = \boxed{\frac{4}{6}}$

d) 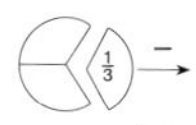

$\frac{2}{3} - \frac{1}{3} = \boxed{\frac{1}{3}}$

e) 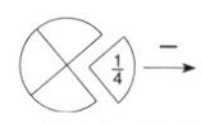

$\frac{3}{4} - \frac{\boxed{1}}{4} = \frac{\boxed{2}}{4}$

f) 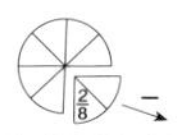

$\frac{\boxed{6}}{8} - \boxed{\frac{2}{8}} = \boxed{\frac{4}{8}}$

❷ Berechne das Ergebnis.

a) $\frac{3}{8} + \frac{2}{8} = \frac{5}{8}$

$\frac{4}{10} + \frac{3}{10} = \frac{7}{10}$

$\frac{5}{9} - \frac{1}{9} = \frac{4}{9}$

$3\frac{5}{12} + 1\frac{6}{12} = 4\frac{11}{12}$

b) $\frac{4}{5} - \frac{2}{5} = \frac{2}{5}$

$\frac{8}{9} - \frac{4}{9} = \frac{4}{9}$

$\frac{11}{12} - \frac{4}{12} = \frac{7}{12}$

$2\frac{1}{6} + \frac{4}{6} = 2\frac{5}{6}$

c) $\frac{7}{16} + \frac{6}{16} = \frac{13}{16}$

$\frac{13}{15} - \frac{7}{15} = \frac{6}{15}$

$\frac{12}{19} - \frac{7}{19} = \frac{5}{19}$

$5\frac{2}{21} + 5\frac{13}{21} = 10\frac{15}{21}$

❸ Löse die Aufgaben. Kürze das Ergebnis, wenn möglich.

a) $\frac{8}{10} - \frac{3}{10} = \frac{5}{10} = \frac{1}{2}$

$\frac{13}{14} - \frac{11}{14} = \frac{2}{14} = \frac{1}{7}$

$\frac{17}{18} - \frac{5}{18} = \frac{12}{18} = \frac{2}{3}$

$\frac{13}{30} + \frac{10}{30} = \frac{23}{30}$

b) $\frac{4}{9} + \frac{2}{9} = \frac{6}{9} = \frac{2}{3}$

$\frac{11}{24} + \frac{7}{24} = \frac{18}{24} = \frac{3}{4}$

$\frac{15}{20} - \frac{11}{20} = \frac{4}{20} = \frac{1}{5}$

$\frac{33}{50} - \frac{4}{50} - \frac{4}{50} = \frac{25}{50} = \frac{1}{2}$

c) $\frac{7}{32} + \frac{5}{32} + \frac{1}{32} = \frac{13}{32}$

$\frac{4}{18} + \frac{5}{18} = \frac{9}{18} = \frac{1}{2}$

$\frac{22}{25} - \frac{17}{25} = \frac{5}{25} = \frac{1}{5}$

$\frac{29}{49} - \frac{15}{49} = \frac{14}{49} = \frac{2}{7}$

51

47 Addition und Subtraktion von Brüchen mit gleichen Nennern 2

❶ Setze die fehlenden Zahlen ein.

a) $\frac{3}{6} + \frac{\boxed{2}}{6} = \frac{5}{\boxed{6}}$

$\frac{\boxed{5}}{7} + \frac{1}{7} = \frac{6}{7}$

$\frac{5}{8} + \frac{\boxed{2}}{8} = \frac{7}{\boxed{8}}$

$\frac{3}{10} + \frac{\boxed{6}}{\boxed{10}} = \frac{9}{10}$

b) $\frac{\boxed{4}}{5} - \frac{1}{5} = \frac{3}{\boxed{5}}$

$\frac{7}{8} - \frac{\boxed{3}}{8} = \frac{4}{\boxed{8}}$

$\frac{1}{11} + \frac{9}{11} = \frac{\boxed{10}}{\boxed{11}}$

$\frac{\boxed{7}}{12} - \frac{6}{12} = \frac{1}{\boxed{12}}$

c) $\boxed{7}\frac{6}{7} - 2\frac{4}{\boxed{7}} = 5\frac{\boxed{2}}{7}$

$18\frac{8}{\boxed{16}} - \boxed{7}\frac{5}{16} = 11\frac{\boxed{3}}{16}$

$3\frac{\boxed{7}}{13} + 2\frac{5}{\boxed{13}} = \boxed{5}\frac{12}{13}$

$\boxed{11}\frac{2}{15} + 17\frac{\boxed{9}}{15} = 28\frac{11}{\boxed{15}}$

❷ Firma Schulze und Firma Müller sollen einen $15\frac{9}{11}$ km langen Tunnel bauen. Beide Firmen arbeiten von den Enden aufeinander zu. Nach 8 Monaten ist die Firma Müller $4\frac{2}{11}$ km vorangekommen und Firma Schulze $6\frac{4}{11}$ km.

Frage: Wie viele Kilometer Tunnel müssen noch gebaut werden?

Rechnung: $15\frac{9}{11} - 4\frac{2}{11} - 6\frac{4}{11} = 5\frac{3}{11}$

Antwort: $5\frac{3}{11}$ km Tunnel müssen noch gebaut werden.

❸ Wurde hier richtig gerechnet? Überprüfe und korrigiere, wenn nötig.

Aufgabe	richtige Lösung	Aufgabe	richtige Lösung
$\frac{7}{13} + \frac{5}{13} = \frac{10}{13}$ (durchgestrichen)	$\frac{12}{13}$	$\frac{16}{33} + 7\frac{8}{33} = 7\frac{24}{33}$	✔
$4\frac{10}{27} + 2\frac{8}{27} = 6\frac{18}{27}$	✔	$14\frac{5}{17} + 9\frac{5}{17} = 23\frac{11}{17}$ (durchgestrichen)	$23\frac{10}{17}$
$\frac{19}{45} + \frac{22}{45} = \frac{41}{45}$	✔	$33\frac{15}{49} + \frac{19}{49} = 33\frac{34}{49}$	✔
$15\frac{17}{29} + \frac{6}{29} = 14\frac{21}{29}$ (durchgestrichen)	$15\frac{23}{29}$	$\frac{37}{89} - \frac{28}{89} = \frac{5}{89}$ (durchgestrichen)	$\frac{9}{89}$

52

48 Addition und Subtraktion von Brüchen mit gleichen Nennern 3

❶ Löse die Aufgaben. Kürze oder schreibe das Ergebnis als gemischte Zahl. Manchmal ist beides möglich.

a) $\frac{21}{7} - \frac{9}{7} - \frac{2}{7} = \frac{10}{7} = 1\frac{3}{7}$

$\frac{3}{13} + \frac{7}{13} = \frac{10}{13}$

$\frac{5}{6} + \frac{5}{6} = \frac{10}{6} = \frac{5}{3} = 1\frac{2}{3}$

$5\frac{20}{21} - 2\frac{8}{21} = 3\frac{12}{21} = 3\frac{4}{7}$

b) $9\frac{36}{41} - \frac{23}{41} - 1\frac{6}{41} = 8\frac{7}{41}$

$\frac{27}{53} + 15\frac{13}{53} = 15\frac{40}{53}$

$\frac{29}{35} + \frac{34}{35} + \frac{18}{35} = \frac{81}{35} = 2\frac{11}{35}$

$\frac{48}{27} - \frac{17}{27} - \frac{22}{27} = \frac{9}{27} = \frac{1}{3}$

❷ Setze die fehlenden Zahlen ein.

a) $\frac{13}{100} \xrightarrow{+\frac{47}{100}} \boxed{\frac{60}{100}} \xrightarrow{+\frac{54}{100}} \boxed{\frac{114}{100}} \xrightarrow{-\frac{28}{100}} \boxed{\frac{86}{100}} \xrightarrow{-\frac{19}{100}} \boxed{\frac{67}{100}} \xrightarrow{+\frac{42}{100}} \boxed{\frac{109}{100}} \xrightarrow{-\frac{9}{100}} \boxed{\frac{100}{100}} = 1$

b) $\frac{22}{50} \xrightarrow{-\frac{9}{50}} \boxed{\frac{13}{50}} \xrightarrow{+\frac{62}{50}} \boxed{\frac{75}{50}} \xrightarrow{-\frac{33}{50}} \boxed{\frac{42}{50}} \xrightarrow{-\frac{17}{50}} \boxed{\frac{25}{50}} \xrightarrow{+\frac{4}{50}} \boxed{\frac{29}{50}} \xrightarrow{+\frac{77}{50}} \boxed{\frac{106}{50}} \xrightarrow{-\frac{6}{50}} \boxed{\frac{100}{50}} = 2$

❸ Anna ist heute zu ihrer Schwester gefahren. Sie legte $\frac{1}{5}$ des Weges mit dem Fahrrad zurück, dann lief sie $\frac{2}{5}$ des Weges zu Fuß. Danach wurde sie von ihrer Freundin mit dem Auto mitgenommen.

Frage: Wie viel des Weges fuhr sie mit dem Auto?

Rechnung: $\frac{1}{5} + \frac{2}{5} = \frac{3}{5}$ $\quad \frac{5}{5} - \frac{3}{5} = \frac{2}{5}$

Antwort: $\frac{2}{5}$ des Weges fuhr Anna mit dem Auto.

53

Lösungen

49 Addition und Subtraktion von Brüchen mit ungleichen Nennern 1

❶ Schreibe unter die Zeichnung die dazugehörigen Bruchteile und addiere diese. Denk daran: Bei Brüchen mit ungleichen Nennern musst du zuerst erweitern.

a)

$\frac{1}{2} + \frac{1}{6} = \frac{3}{6} + \frac{1}{6} = \frac{4}{6}$

b)
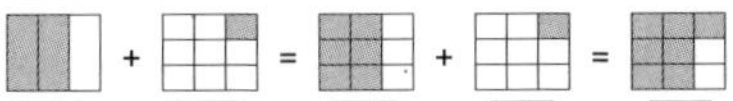

$\frac{2}{3} + \frac{1}{9} = \frac{6}{9} + \frac{1}{9} = \frac{7}{9}$

c)
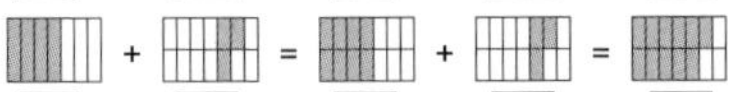

$\frac{4}{7} + \frac{3}{14} = \frac{8}{14} + \frac{3}{14} = \frac{11}{14}$

d)
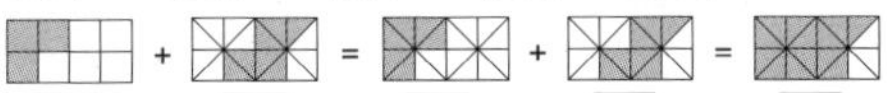

$\frac{3}{8} + \frac{7}{16} = \frac{6}{16} + \frac{7}{16} = \frac{13}{16}$

e)

$\frac{1}{3} + \frac{1}{2} = \frac{2}{6} + \frac{3}{6} = \frac{5}{6}$

❷ Erweitere zuerst auf den Hauptnenner. Berechne dann das Ergebnis.

a) $\frac{1}{3} + \frac{5}{6} = \frac{1 \cdot 2}{3 \cdot 2} + \frac{5}{6} = \frac{2}{6} + \frac{5}{6} = \frac{7}{6}$

b) $\frac{5}{6} + \frac{1}{12} = \frac{5 \cdot 2}{6 \cdot 2} + \frac{1}{12} = \frac{10}{12} + \frac{1}{12} = \frac{11}{12}$

c) $\frac{2}{5} + \frac{4}{15} = \frac{2 \cdot 3}{5 \cdot 3} + \frac{4}{15} = \frac{6}{16} + \frac{4}{15} = \frac{10}{15}$

d) $\frac{4}{7} + \frac{7}{28} = \frac{4 \cdot 4}{7 \cdot 4} + \frac{7}{28} = \frac{16}{28} + \frac{7}{28} = \frac{23}{28}$

e) $\frac{3}{10} + \frac{23}{60} = \frac{3 \cdot 6}{10 \cdot 6} + \frac{23}{60} = \frac{18}{60} + \frac{23}{60} = \frac{41}{60}$

f) $\frac{1}{3} + \frac{1}{5} = \frac{1 \cdot 5}{3 \cdot 5} + \frac{1 \cdot 3}{5 \cdot 3} = \frac{5}{15} + \frac{3}{15} = \frac{8}{15}$

g) $\frac{3}{11} + \frac{2}{3} = \frac{3 \cdot 3}{11 \cdot 3} + \frac{2 \cdot 11}{3 \cdot 11} = \frac{9}{33} + \frac{22}{33} = \frac{31}{33}$

h) $\frac{2}{9} + \frac{3}{4} = \frac{2 \cdot 4}{9 \cdot 4} + \frac{3 \cdot 9}{4 \cdot 9} = \frac{8}{36} + \frac{27}{36} = \frac{35}{36}$

50 Addition und Subtraktion von Brüchen mit ungleichen Nennern 2

❶ Löse die Aufgabe.

$\frac{1}{10} +$ $\frac{1}{4}$ $\frac{2}{9}$ $\frac{4}{5}$ $\frac{2}{3}$

a) $\frac{1}{10} + \frac{1}{4} = \frac{7}{20}$

b) $\frac{1}{10} + \frac{2}{9} = \frac{29}{90}$

c) $\frac{1}{10} + \frac{4}{5} = \frac{9}{10}$

d) $\frac{1}{10} + \frac{2}{3} = \frac{23}{30}$

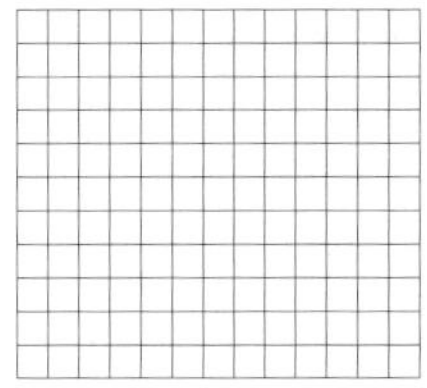

❷ Subtrahiere jeweils vom größeren Bruch den kleineren.

a) $\frac{1}{2}, \frac{1}{6}$ $\quad \frac{1}{2} - \frac{1}{6} = \frac{1}{3}$

$\frac{3}{4}, \frac{2}{5}$ $\quad \frac{3}{4} - \frac{2}{5} = \frac{7}{20}$

$2\frac{2}{3}, 1\frac{1}{5}$ $\quad 2\frac{2}{3} - 1\frac{1}{5} = 1\frac{7}{15}$

b) $3\frac{4}{5}, 5\frac{1}{2}$ $\quad 5\frac{1}{2} - 3\frac{4}{5} = 1\frac{7}{10}$

$\frac{2}{3}, \frac{17}{21}$ $\quad \frac{17}{21} - \frac{2}{3} = \frac{1}{7}$

$\frac{5}{6}, \frac{3}{8}$ $\quad \frac{5}{6} - \frac{3}{8} = \frac{11}{24}$

❸ Löse die Aufgaben.

a) $\frac{2}{3} - \frac{7}{12} = \frac{1}{12}$

$\frac{15}{20} + \frac{5}{16} = 1\frac{1}{16}$

$2\frac{2}{3} + 5\frac{1}{2} = 8\frac{1}{6}$

$4\frac{23}{24} - \frac{5}{6} = 4\frac{1}{8}$

b) $\frac{4}{11} + \frac{3}{6} = \frac{19}{22}$

$\frac{4}{5} + \frac{1}{2} + \frac{3}{4} = 2\frac{1}{20}$

$33\frac{7}{8} + 15\frac{3}{4} = 49\frac{5}{8}$

$\frac{5}{30} - \frac{1}{12} = \frac{1}{12}$

❹ Setze die fehlenden Brüche ein. Addiere dazu immer zwei nebeneinander stehende Brüche.

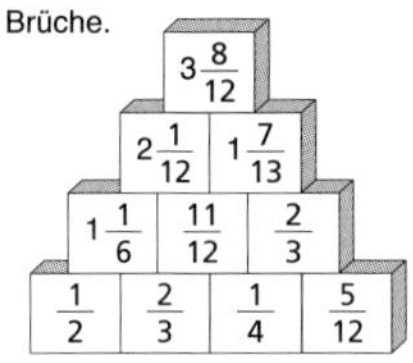

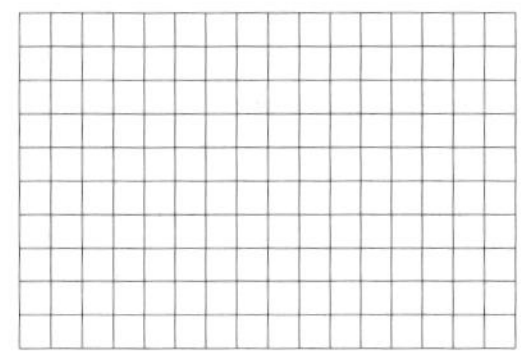

51 Addition und Subtraktion von Brüchen mit ungleichen Nennern 3

❶ Wurde hier richtig gerechnet? Überprüfe und korrigiere, wenn nötig.

Aufgabe	richtige Lösung	Aufgabe	richtige Lösung
$\frac{3}{4} + \frac{5}{6} = 2\frac{7}{12}$ (durchgestrichen)	$1\frac{7}{12}$	$5\frac{1}{3} + 2\frac{5}{8} = 7\frac{23}{24}$	✔
$\frac{1}{7} + \frac{17}{21} + \frac{2}{3} = 1\frac{13}{21}$	✔	$9\frac{3}{7} + \frac{1}{4} = 9\frac{19}{26}$ (durchgestrichen)	$9\frac{19}{28}$
$\frac{1}{5} + \frac{1}{10} + \frac{1}{4} = \frac{19}{30}$ (durchgestrichen)	$\frac{11}{20}$	$4\frac{8}{9} - 1\frac{5}{12} = 2\frac{24}{36}$ (durchgestrichen)	$3\frac{17}{36}$
$\frac{5}{6} - \frac{3}{8} = \frac{22}{48} = \frac{11}{24}$	✔	$\frac{5}{6} - \frac{5}{9} - \frac{1}{6} = \frac{2}{9}$ (durchgestrichen)	$\frac{1}{9}$

❷ Löse die Aufgaben. Denke ans Kürzen.

a) $\frac{1}{3} + \frac{4}{9} - \frac{5}{18} = \frac{1}{2}$

$\frac{1}{2} - \frac{7}{18} + \frac{2}{9} = \frac{1}{3}$

$\frac{9}{15} + \frac{7}{10} - \frac{9}{20} = \frac{17}{20}$

$\frac{1}{4} - \frac{3}{20} + \frac{2}{5} = \frac{1}{2}$

$\frac{5}{6} + \frac{7}{12} + \frac{4}{9} = 1\frac{31}{36}$

b) $\frac{7}{8} + \frac{9}{12} - \frac{5}{6} = \frac{19}{24}$

$\frac{2}{3} - \frac{3}{10} + \frac{4}{5} = 1\frac{1}{6}$

$\frac{7}{8} + \frac{34}{5} - \frac{3}{4} = 6\frac{37}{40}$

$\frac{10}{12} - \frac{2}{15} + \frac{2}{3} = 1\frac{11}{30}$

$\frac{5}{6} - \frac{1}{3} + \frac{2}{7} = \frac{11}{14}$

❸ Kommissar Petersen verhört einen Dieb, der seine Unschuld beteuert. Aber der Kommissar glaubt dem Dieb nicht. Weißt du, warum?
Hier das Alibi des Diebes:
„Ein Viertel der Zeit war ich arbeiten. Für ein Drittel der Zeit ist mein Freund Augenzeuge. Ein Achtel der Zeit war ich im Kino und ein Viertel der Zeit halten Sie mich hier fest, Herr Kommissar."

Rechnung: $1 - \frac{1}{4} - \frac{1}{3} - \frac{1}{8} - \frac{1}{4} = \frac{1}{28}$

Antwort: Es bleibt $\frac{1}{28}$ der Tatzeit übrig.

52 Lernkontrolle 1

❶ Gib die Bruchzahlen an.

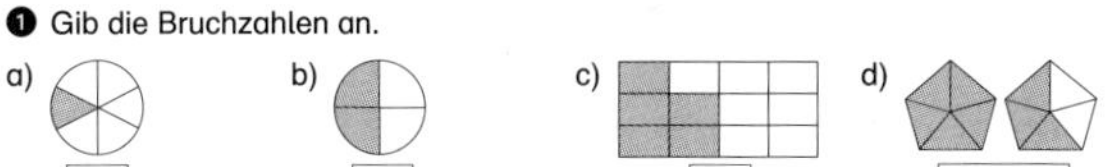

a) $\frac{1}{6}$ b) $\frac{2}{4}$ c) $\frac{5}{12}$ d) $1\frac{3}{5}$

❷ Färbe die angegebenen Bruchteile.

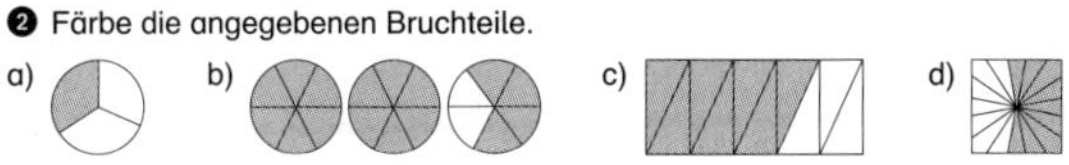

a) $\frac{1}{3}$ b) $2\frac{4}{6}$ c) $\frac{7}{10}$ d) $\frac{9}{16}$

❸ Bestimme die erweiterten bzw. gekürzten Brüche.

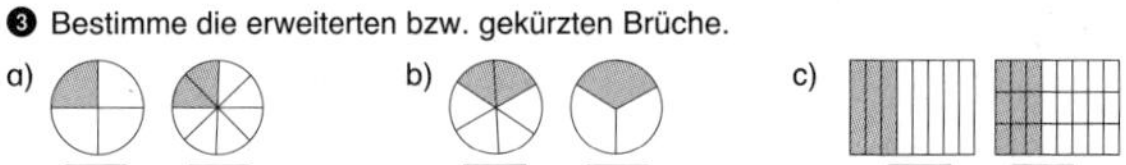

a) $\frac{1}{4} = \frac{2}{8}$ b) $\frac{2}{6} = \frac{1}{3}$ c) $\frac{3}{8} = \frac{9}{24}$

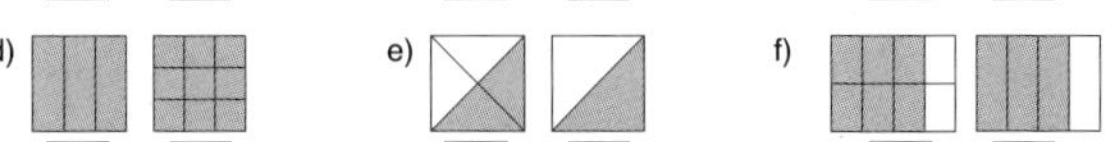

d) $\frac{3}{3} = \frac{9}{9}$ e) $\frac{2}{4} = \frac{1}{2}$ f) $\frac{6}{8} = \frac{3}{4}$

❹ Mit welcher Zahl wurde gekürzt bzw. erweitert? Setze ein.

a) $\frac{3}{4} = \frac{9}{12}$ (·3 / ·3)

b) $\frac{35}{20} = \frac{7}{4}$ (:5 / :5)

c) $\frac{8}{16} = \frac{4}{8}$ (:2 / :2)

d) $\frac{5}{12} = \frac{20}{48}$ (·4 / ·4)

e) $\frac{24}{144} = \frac{2}{12}$ (:12 / :12)

f) $\frac{64}{32} = \frac{8}{4}$ (:8 / :8)

Lösungen

53 Lernkontrolle 1 ?

❺ Setze die richtigen Zeichen (>, <, =).

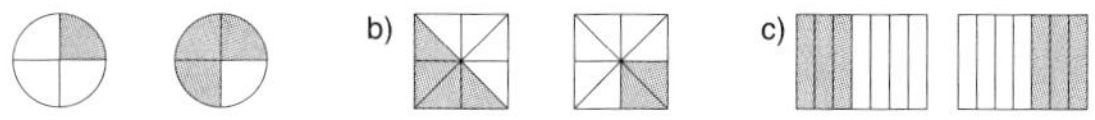

a) $\frac{1}{4}$ [<] $\frac{3}{4}$ b) $\frac{4}{8}$ [>] $\frac{2}{8}$ c) $\frac{3}{7}$ [=] $\frac{3}{7}$

❻ Ordne die Brüche der Größe nach. Beginne mit dem kleinsten.

a) $\frac{1}{6}, \frac{5}{6}, \frac{3}{6}$ $\frac{1}{6} < \frac{3}{6} < \frac{5}{6}$

b) $\frac{1}{2}, \frac{1}{4}, \frac{1}{8}$ $\frac{1}{8} < \frac{1}{4} < \frac{1}{2}$

c) $\frac{2}{3}, \frac{4}{9}, \frac{17}{18}$ $\frac{4}{9} < \frac{2}{3} < \frac{17}{18}$

❼ Bestimme die Maßzahlen und rechne in die nächst kleinere Einheit um.

a)  [$\frac{1}{2}$] h = 60 min : 2 · 1 = 30 min

b)  [$\frac{1}{4}$] l = 1000 ml : 4 · 1 = 250 ml

c) 

[$\frac{3}{5}$] m = 100 cm : 5 · 3 = 60 cm

❽ Berechne mithilfe des Operatormodells.

a) $\frac{2}{4}$ von 12 kg: [12 kg] → [6 kg]; 12 kg : 4 → [3 kg]; 3 kg · 2 → 6 kg

b) $\frac{3}{5}$ von 10 m: [10 m] → [6 m]; 10 m : 5 → [2 m]; 2 m · 3 → 6 m

c) $\frac{1}{3}$ von 9 dm: [9 dm] → [3 dm]; 9 dm : 3 → [3 dm]; 3 dm · 1 → 3 dm

d) $\frac{2}{6}$ von 42 €: [42 €] → [14 €]; 42 € : 6 → [7 €]; 7 € · 2 → 14 €

54 Lernkontrolle 2 ?

❶ Berechne das Ergebnis. Färbe die Bruchteile ein.

a) 

$\frac{1}{3} + \frac{1}{3} =$ [$\frac{2}{3}$]

b) 

$\frac{2}{5} + \frac{1}{5} =$ [$\frac{3}{5}$]

c) 

$\frac{4}{5} - \frac{2}{5} =$ [$\frac{2}{5}$]

d) 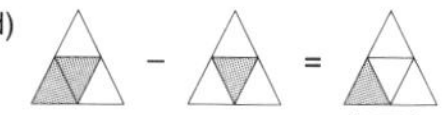

$\frac{2}{4} - \frac{1}{4} =$ [$\frac{1}{4}$]

❷ Vervollständige die Aufgabe: Gib die Brüche an und färbe die Bruchteile.

a) 

[$\frac{1}{3}$] + [$\frac{1}{6}$] = [$\frac{2}{6}$] + [$\frac{1}{6}$] = [$\frac{3}{6}$]

b) 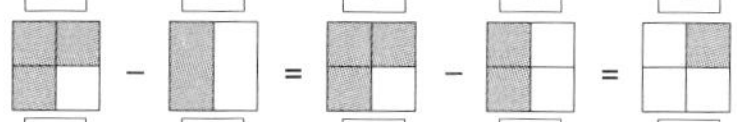

[$\frac{3}{4}$] − [$\frac{1}{2}$] = [$\frac{3}{4}$] − [$\frac{2}{4}$] = [$\frac{1}{4}$]

c) 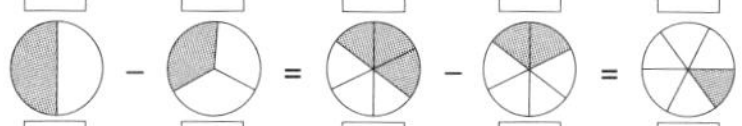

[$\frac{1}{2}$] − [$\frac{1}{3}$] = [$\frac{3}{6}$] − [$\frac{2}{6}$] = [$\frac{1}{6}$]

❸ Gib das Ergebnis an. Denke daran, zuerst den Hauptnenner zu bestimmen.

a) $\frac{7}{8} - \frac{3}{8} = \frac{4}{8} = \frac{1}{2}$

$\frac{7}{9} - \frac{1}{3} = \frac{4}{9}$

$\frac{1}{10} + \frac{4}{5} = \frac{9}{10}$

$\frac{7}{16} + \frac{1}{4} = \frac{11}{16}$

b) $\frac{2}{3} - \frac{1}{2} = \frac{1}{6}$

$\frac{2}{4} + \frac{1}{3} = \frac{5}{6}$

$\frac{7}{4} - \frac{4}{5} = \frac{19}{20}$

$\frac{3}{7} + \frac{1}{3} = \frac{16}{21}$

55 Lernkontrolle 2 ?

❹ Von $\frac{10}{12}$ Pizza werden nur $\frac{7}{12}$ Pizza gegessen. Es bleiben also [$\frac{3}{12}$] Pizza übrig.

Rechnung: $\frac{10}{12} - \frac{7}{12} = \frac{3}{12}$

❺ Löse die Aufgaben und kürze das Ergebnis, wenn möglich.

a) $\frac{13}{15} - \frac{8}{15} = \frac{1}{3}$

$\frac{1}{2} + \frac{3}{14} = \frac{5}{7}$

$3\frac{3}{8} + 1\frac{8}{24} = 4\frac{17}{24}$

b) $\frac{15}{16} - \frac{6}{16} - \frac{5}{16} = \frac{1}{4}$

$4\frac{1}{4} - 1\frac{3}{5} = 2\frac{13}{20}$

$\frac{5}{20} + \frac{1}{2} = \frac{3}{4}$

❻ Bilde aus den vorgegebenen Brüchen 3 Additionsaufgaben und 3 Subtraktionsaufgaben. Berechne ihre Ergebnisse und kürze, wenn möglich.

$1\frac{1}{2}$, $\frac{2}{3}$, $\frac{5}{12}$, $\frac{3}{4}$, $\frac{3}{10}$, $2\frac{6}{10}$, $\frac{5}{15}$, $2\frac{3}{5}$, $4\frac{7}{15}$, $\frac{4}{10}$, $\frac{6}{12}$, $\frac{7}{12}$, $\frac{1}{6}$

❼ Ein Paket wiegt mit Inhalt $18\frac{7}{10}$ kg. Das leere Paket wiegt $5\frac{2}{5}$ kg.

Frage: Wie groß ist der Unterschied?

Rechnung: $18\frac{7}{10} - 5\frac{2}{5} = 13\frac{3}{10}$

Antwort: Der Unterschied beträgt $13\frac{3}{10}$ kg.

56 Lernkontrolle 3 ?

❶ Mit welcher Zahl wurde gekürzt bzw. erweitert? Setze ein.

a) $\frac{1}{3} = \frac{2}{6}$ (·2)

b) $\frac{4}{5} = \frac{12}{15}$ (·3)

c) $\frac{12}{16} = \frac{3}{4}$ (:4)

d) $\frac{10}{15} = \frac{2}{3}$ (:5)

e) $\frac{4}{6} = \frac{16}{24}$ (·4)

f) $\frac{32}{48} = \frac{8}{12}$ (:4)

g) $\frac{18}{27} = \frac{6}{9}$ (:3)

h) $\frac{6}{7} = \frac{48}{56}$ (·8)

i) $\frac{9}{13} = \frac{18}{26}$ (·2)

❷ Setze die richtigen Zeichen (>, <, =).

a) $\frac{2}{6}$ [<] $\frac{4}{6}$ $\frac{3}{5}$ [>] $\frac{1}{5}$

b) $\frac{2}{8}$ [=] $\frac{1}{4}$ $\frac{7}{12}$ [>] $\frac{5}{12}$ [<] $\frac{6}{12}$

c) $\frac{3}{7}$ [=] $\frac{6}{14}$ [>] $\frac{1}{7}$ $\frac{11}{13}$ [<] $\frac{2}{13}$ [=] $\frac{4}{26}$

❸ Bestimme die fehlenden Zahlen. Es gibt mehrere Möglichkeiten.

a) $\frac{3}{4} > \frac{\square}{4}$ b) $\frac{1}{3} < \frac{\square}{3} < \frac{4}{3}$ c) $\frac{2}{6} < \frac{\square}{3}$

❹ Rechne in die angegebene Einheit um.

a) $\frac{1}{4}$ km = 250 m b) $\frac{2}{5}$ m = 40 cm c) $\frac{9}{10}$ m = 9 dm

$\frac{3}{6}$ h = 30 min $\frac{5}{8}$ kg = 625 g $\frac{3}{4}$ h = 45 min

❺ Nadine bekommt ein Fahrrad für 160 Euro zum Geburtstag. Ihre Eltern zahlen $\frac{3}{4}$ des Preises. Den Rest legt Nadines Oma dazu. Wie viel Euro bezahlen Nadines Eltern und wie viel zahlt Nadines Oma?

Rechnung: 160 : 4 · 3 = 120 160 − 120 = 40

Antwort: Nadines Eltern bezahlen 120 €, die Oma 40 €.

Lösungen

57

Lernkontrolle 3

?

6 Setze die fehlenden Zahlen ein.

a) $\frac{2}{5} + \frac{1}{5} = \frac{\boxed{3}}{\boxed{5}}$

$\frac{\boxed{4}}{8} + \frac{3}{\boxed{8}} = \frac{7}{8}$

$\frac{\boxed{7}}{12} - \frac{6}{12} = \frac{1}{\boxed{12}}$

b) $\boxed{7}\frac{6}{7} - 2\frac{4}{\boxed{7}} = 5\frac{\boxed{2}}{7}$

$\frac{8}{9} - \frac{\boxed{5}}{\boxed{9}} = \frac{3}{9}$

$\frac{\boxed{2}}{\boxed{12}} + \frac{9}{12} = \frac{11}{12}$

c) $\boxed{5}\frac{1}{11} + \frac{9}{11} = 5\frac{\boxed{10}}{\boxed{11}}$

$17\frac{\boxed{9}}{15} + \boxed{11}\frac{2}{15} = 28\frac{11}{\boxed{15}}$

$\boxed{7}\frac{13}{23} + \frac{6}{\boxed{23}} = 7\frac{\boxed{19}}{23}$

7 Ergänze das Ergebnis immer zu einem Ganzen.

a) $\frac{1}{3} + \frac{1}{4} + \frac{1}{6} = \frac{1 \cdot 4}{3 \cdot 4} + \frac{1 \cdot 3}{4 \cdot 3} + \frac{1 \cdot 2}{6 \cdot 2} = \frac{4}{12} + \frac{3}{12} + \frac{2}{12} = \frac{9}{12}$

$\frac{9}{12} + \frac{\boxed{3}}{\boxed{12}} = 1$

b) $\frac{1}{5} + \frac{1}{4} + \frac{3}{10} = \frac{1 \cdot 4}{5 \cdot 4} + \frac{1 \cdot 5}{4 \cdot 5} + \frac{3 \cdot 2}{10 \cdot 2} = \frac{4}{20} + \frac{5}{20} + \frac{6}{20} = \frac{15}{20}$

$\frac{\boxed{15}}{\boxed{20}} + \frac{\boxed{5}}{\boxed{20}} = 1$

c) $\frac{6}{10} - \frac{2}{20} + \frac{1}{2} = \frac{6 \cdot 2}{10 \cdot 2} - \frac{2}{20} + \frac{1 \cdot 10}{2 \cdot 10} = \frac{12}{20} - \frac{2}{20} + \frac{10}{20} = \frac{20}{20}$

$\frac{\boxed{20}}{\boxed{20}} + 0 = 1$

d) $\frac{6}{5} - \frac{3}{4} + \frac{1}{8} = \frac{6 \cdot 8}{5 \cdot 8} - \frac{3 \cdot 10}{4 \cdot 10} + \frac{1 \cdot 5}{8 \cdot 5} = \frac{48}{40} - \frac{30}{40} + \frac{5}{40} = \frac{23}{40}$

$\frac{\boxed{23}}{\boxed{40}} + \frac{\boxed{17}}{\boxed{40}} = 1$

8 Löse die Aufgaben und kürze das Ergebnis wenn möglich.

a) $\frac{12}{13} - \frac{7}{13} = \frac{5}{13}$

$2\frac{1}{3} + \frac{4}{9} = 2\frac{7}{9}$

$\frac{17}{20} - \frac{12}{20} = \frac{1}{4}$

b) $\frac{2}{3} + 5\frac{3}{10} = 5\frac{29}{30}$

$9\frac{1}{3} + 9\frac{6}{21} = 18\frac{13}{21}$

$\frac{1}{3} + \frac{4}{9} - \frac{5}{18} = \frac{1}{2}$

9 Herr Solms Weg zur Arbeit ist $7\frac{3}{4}$ km lang. Er geht $\frac{1}{4}$ km zu Fuß, den Rest fährt er mit dem Bus.

Frage: Wie viele Kilometer fährt er mit dem Bus?

Rechnung: $7\frac{3}{4} - \frac{1}{4} = 7\frac{2}{4} = 7\frac{1}{2}$

Antwort: Er fährt $7\frac{1}{2}$ km mit dem Bus.

62 K. Becker/E. Iaccarino: Bruchrechnung in kleinen Schritten – Band 2